FANTASY & SCI-FI DIGITAL ART
ImagineFX
PRESENTS

HOW TO DRAW AND PAINT

游戏设计

Welcome...

一款电子游戏的创作往往长达数年，并且会有数以百计的人为它的最终面貌和如何操作而孜孜不倦地工作。然而，只有为数很少的极富创作才能的艺术家才能决定一款游戏的风格。概念画家们会为电子游戏的制作打下视觉基础，设计其中的人物形象、作战车辆及游戏世界，并制定游戏中一切赖以运行的规则。这是一项极其重要和极富技巧的工作。

为了更好地洞悉概念画家的工作，搞清自己如何能够创作出符合专业标准的电子游戏图画，我们与业内一些最知名的艺术家展开了合作。他们通力协作创作了《神秘海域3》、《星球大战：旧共和国》、《狂怒》、《异尘余生：新维加斯》等很多热门游戏。从第30页开始的人物设计这章中，Naughty Dog工作室的画家马切伊·库恰拉（Maciej Kuciara）将展示如何设计融合多种艺术风格于一体的女英雄形象。第48页中，Rocksteady工作室的坎·马菲迪科将揭示他如何为《蝙蝠侠：阿甘之城》重新塑造了一个DC漫画式的反英雄式女小丑哈利·奎恩（Harley Quinn）的形象。在怪物设计部分，Blizzard游戏开发公司的卢克·曼奇尼将展示如何绘制《星际争霸2》中的虫族形象（第58页）。同时，还有专门介绍关于环境绘制和车辆设计等重要章节，其中就包括了让人啧啧称奇的朱峰的作品（第20页）。我们的"直播项目"栏目中的一切都极有价值，来自Leading Light设计公司的艺术家们将向我们展示其精湛的绘画技艺是如何呈现在游戏宣传推广和产品设计中的。

如果你喜欢本期ImagineFX特刊，何不尝试一下该全新系列读物的其他期刊？请翻阅第67页，你将会有更多惊喜！

编辑 克莱尔·豪利特（Claire Howlett）
claire@imaginefx.com

From the makers of
FANTASY & SCI-FI DIGITAL ART
ImagineFX

ImagineFX 是惟一的一本科幻数字艺术专用杂志。本刊的宗旨是帮助艺术家提高传统绘画和数字绘画的技能，登录 www.imaginefx.com
惊喜更多！

FANTASY & SCI-FI DIGITAL ART
ImagineFX 目录 FX Contents

全球顶级画家为你提供最佳创作指导,与你分享他们精湛的创作技法,给你的电子游戏图画创作带来灵感。

创作演示
来自职业画家的18个图解式实用绘画指导

The Gallery
艺术画廊

4 辉煌艺术！
来自《激战2》、《辛迪加》、《质量效应3》等游戏的幕后职业画家的艺术作品

附赠超值光盘

设计草图与演示视频将帮助你的学习……

创作演示视频
该创作演示视频中囊括了马切伊·库恰拉（Maciej Kuciara）、卢克·曼奇尼（Luke Mancini）、凯文·陈（Kevin Chen）等多位一流概念画家的精彩案例，请看这些画家的现场操作，并汲取他们的宝贵经验。

文件资源
充分利用画家赠送的图层分明的高分辨率PSD文件，来寻找自己的创作灵感吧。

自定义画笔
利用画家赠送的自己自定义的笔刷，来提高你的绘画技法。

更多精彩内容请翻阅第112页

艺术画廊

一些大型电子游戏幕后的职业画家的创意会激发你的创作灵感

Kekai Kotaki

出 生于夏威夷的凯克·科塔克（Kekai Kotaki）已在 ArenaNet 公司从事电子游戏创作长达 10 年之久。初入职场的 8 年中，他一直是一名贴图师，而现在则是《激战 2》的重要概念画家。

凯克的印象派艺术风格极易识别，他赋予了《激战 2》很大的创作自由，目的就是要创造出"我们认为很酷"的世界。他说他的创作团队起初并非想要改变人们对魔幻艺术的看法，"我们只是在尝试寻找新的方式来表达构成魔幻题材的核心理念。我一直在尝试将凸显物体棱角分明的边缘的绘画风格融入我的作品，使各种形象看起来更酷，更富动感和情感。"

该游戏的故事背景在第一次激战之后的 250 年，因此我们有足够的空间来进一步开发新游戏中的世界面貌，但是也给自由想象带来了新的挑战。"挑战与自由想象并存，最终我们完成了这一高水平的作品而不是一败涂地"，凯克这样说。

凯克的艺术创作说明，如果你愿意迎接挑战的话，那么在这个巨大的舞台上就有足够大的空间来实现你的奇思妙想。

www.kekaiart.com

> ❝ 网络游戏工作室对绘画风格的限制已经大大降低，这使我们能够探索并将一些宏大的场景植入其中。❞

经验之谈

"我认为游戏就是设计与英雄斗争的怪物和与怪物斗争的英雄，在游戏中任何人都可以成为英雄，更重要的是，任何人都应该认为自己就是游戏中的英雄。"

Sean A Murray

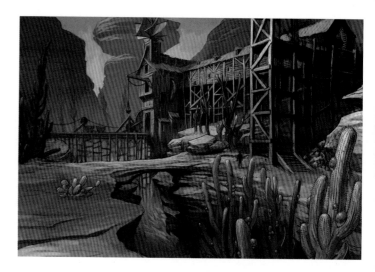

作 为Todd McFarlane's Big Huge Games/38 Studios游戏公司的重要概念画家，肖恩·阿·默里（Sean A Murray）由于为《阿玛拉王国：惩罚》设计了一个全新的魔幻世界而让人无比羡慕。

他说，"我们的目标是要呈现出一个充满魔力和神秘色彩的魔幻世界，这个世界要与纯粹的现实世界相反。"

在这几页中，他的作品表现的是一个丰富多彩、标新立异的世界，它将略带一丝"早期西部"色彩的元素和经典的魔幻元素有机融合，这一点从游戏中Detrye矿区的位置概念图中可见一斑。

肖恩拥有非常丰富的绘画经验，他将传统技法和数码技术相结合，先创作出细节分明的铅笔素描画后再将其扫描入Photoshop中，比如他对《惩罚》中的Adessa高塔的绘制。肖恩说："这是种功能性更强的概念画，它展示的是如何将各种模块拼接组合成独一无二的Gnome高塔。"

然而，先前创作的Bolgan丛林却是肖恩在总结《惩罚》中的绘画作品时非常看重的。"这是我为该游戏创作的最早的画作之一，"Sean说道，"我觉得它的确为我们想要的视觉效果奠定了色板和怪物设计原理的基础。"

sketchsam.blogspot.com

> ❝ 这并非魔幻宇宙的典型场景，我们想在其中融入一些早期西部的元素。❞

经验之谈

"最成功的概念画家是那些重视沟通和故事表达方式的人，而非优先考虑图画创作的人。"

Alessandro Taini

亚 历山德罗·泰尼（Alessandro Taini）
为英国的游戏开发商 Ninja Theory
效力8年，现在担任 BAFTA 这家
曾荣获英国电影和电视艺术学院奖的画
室的视觉艺术总监。亚历山德罗的概念
画具有非常独特的绘画风格，他所创作
的女性人物，尤其是2010年的《奴役：
西游记》中的特里普（Trip），都是光鲜
亮丽且能力超群的女英雄。

如同《天剑》中的娜里科（Nariko）等其
他的女英雄一样，特里普是一个头发火
红、精致漂亮且极富头脑的女主角。

当 Ninja Theory 被选中来重塑 Capcom 系列
的《鬼泣》时，亚历山德罗开始为这款
畅销的日本电子游戏创作意境画。

亚历山德罗充分利用自己的意大利传
统，为该游戏创作出了让人刮目相看的
具有文艺复兴色彩的画作。"通过这个
形象我想表达但丁（Dante）的人格魅
力，" 亚历山德罗解释说，"一个世上无
人关心的年轻的反抗者。"

www.talexiart.com

❝ 该作品表现的是《奴役》中众多形象中的一个，其目的就是为了诠释她在游戏之外的背景信息。❞

Bradley Wright

作为Starbreeze公司概念画家团队中的一员，布兰得利·赖特（Bradley Wright）对于电子游戏《辛迪加》的复刻可以说是一项激动人心的挑战。他解释说："这款游戏，以及它独特的风格，都是任何概念画家都希望实现的梦想。"

布兰得利复刻该游戏的方法是回归1993版的《辛迪加》，并从中抽取整个复刻过程所要保留的关键要素和视觉标志。"我们在游戏制作过程中可以坚持的传统元素，都是极其重要的设计特色与设计原理。"

对于这样一款充斥着科幻色彩的黑色未来、高空飞行的汽车和灵光闪闪的高塔的游戏，布兰得利出人意料地说他喜欢为这款游戏中的世界设计的具体细节。

"把椅子变得耳目一新而饶有兴趣的挑战是我的追求，"布兰得利说道，"把像椅子一样简单的东西从概念变成模型再变成游戏道具要花很多时间，因此你希望它最终看上去美轮美奂。"

当游戏世界的这些元素慢慢渗透进你的潜意识并开始构成更为宏大而连贯的画面时，整个团队便可以用此来讲述一个故事了。布兰得利指出，"Starbreeze在创作故事驱动的游戏方面历史悠久，这些游戏的人物和氛围都层次分明、思想深刻。概念画的创作，还有游戏设计，都丰富了这种理念。我们试图用独具匠心的构想和作品来推动和发掘这种思想的深刻性。"

bradleywright.wordpress.com

经验之谈

"理解3D动画是如何制作的非常重要，这将有助于我快速地获得更为细致的概念，并使我能够更好地与其他专业人员，如造型师和设计师等相互融合。"

66 在团队协作的环境下，能自由地站出
来指出这个行或者不行的感觉真好。99

Joe Madureira

乔·马德雷拉（Joe Madureira）在16岁时就加入了Marvel漫画公司，从此进入了连环漫画图书出版业。在Marvel享有包括创作《神奇X战警》在内的各种荣誉，并发行了自己的系列漫画《战神》之后，乔结束了漫画创作生涯并开始潜心研究电子游戏。

在NCSoft公司结束了短暂的工作之后，他辞职成立了Vigil网游公司，并为自己的《黑暗血统》系列游戏设计了异彩纷呈的背景。之后的续集《黑暗血统2》重点突出了全新偶像式的反英雄迪阿思（Death）。

尽管乔担任了《暗黑血统2》的编演，但他仍然腾出时间创作了该游戏的主要角色。"我们想让迪阿思比沃（War）更加机智灵活，让他的动作更加迅速，战斗更加机智，"乔这样说道。"因此，他的武器必须更加小巧轻便，而且他的盔甲也要更少。所有这一切都始于绘画创作。这些设计成竹在胸之后，我开始考虑自己希望迪阿思表达什么样的'态度'。"

乔·马德式的风格——一部分表现西方式滑稽效果，一部分表现日本式漫画效果——非常适合电子游戏设计。尽管乔是和一个画家团队合作来将他的构思贯穿于游戏世界的，但这位漫画图书奇才的特质却被清楚地呈现了出来。

那么他16年的创作生涯所形成的自我风格是怎样理解这款新游戏的呢？"这正是我梦寐以求的那种游戏，我决不介意为之付出努力，"Joe说道。

vigilgames.com

> 66 迪阿思比沃更加好斗，更加令人生畏，并且对统治天堂与地狱的法规没有丝毫的敬畏之心。99

经验之谈

"你总会有提高的空间，也总有人会做得比你更好，因此，不要停止学习。我想，这就是我所获得的最宝贵的经验。"

> **我基本上是从头脑中一闪而过的那些东西开始画起的，希望能创作出某种让人兴奋的好东西来。**

经验之谈

"考虑游戏中的人物设计比考虑绘画优劣更为重要。在绘画创作时对该人物在游戏中的角色了然于心大有裨益，因为它将帮助你赋予该人物独特的个性。"

Kan Muftic

再现游戏中的偶像人物及其所处的环境是电游概念画家面临的最大挑战之一。创作获奖作品《蝙蝠侠：阿甘之城》就意味着要重新塑造世界上最受欢迎的漫画人物之一的面孔。

画家坎·马菲迪科（Kan Muftic）选取游戏中的环境来作为概念画家团队的创作焦点以求为该游戏设计一种全新的面貌。阿甘之城的每个区域都要独具特色同时还要能契合统一的游戏世界，这个游戏世界囊括了从哥特式和维多利亚式建筑到玻璃制品与铁制品的新艺术装饰，借以创造层次分明的风格以凸显阿甘之城的演变。

阿甘之城的博物馆是坎非常值得骄傲的设计。他说，"我从该游戏创作之初就推崇这个概念。"

但这绝非简单的美学设计实践课，"游戏的玩法是主宰一切的王道，"坎如此评价道。他的话是指要确保自己的游戏设计必须与游戏脚本作者的创作方向和游戏设计师的理念相符合。"我花了很长时间来与团队讨论、商议或提出建议。游戏制作绝不仅仅是绘画创作。"

最终的结果是，同类型中最优秀的一款游戏诞生了——一场既好玩又好看的视觉盛宴。

kanmuftic.blogspot.com

Patryk Olejniczak

作为BioWare公司营销部新任概念画家，帕特里克·奥雷尼扎克（Patryk Olejniczak）的工作让人十分羡慕，他将《质量效应3》中的全部人物形象都塑造得栩栩如生。帕特里克十分关注每个人物的姿势、表情和背景，以便能表达出该人物的故事内容。他这样说道："在整个过程中，我都将创作引人入胜而又恰到好处的人物姿势的重要性牢记在心，这可以激发观众探索画作背后的'故事'。"

"我经常用了了数笔来勾勒出人物的轮廓。在创作中，我喜欢随意使用照片和纹理直至我满意为止，"他以此来解释自己是如何使用游戏截图为光线效果和色调提供参考的。

帕特里克坦言："我千方百计地使它们表现得淋漓尽致，然而在某些地方我也进行了微调。"他这样解释扎伊德（Zaeed）的防护手套和其他游戏人物的防护手套形状不同的原因。

帕特里克使用不同的混合模式和减淡工具来创作出具有现实主义的、忧郁沉思的人物形象。对细节的研究尤其对渲染莫汀（Mordin）的盔甲很有帮助。他说，"很有必要对发亮的材料进行恰当的研究并小心使用，尽管这是挑战，但它却使我对这种风格信心倍增，这种风格极富现实主义美感。"

garrettartlair.blogspot.com

经验之谈

"将创作引人入胜而又恰到好处的人物姿势的重要性牢记在心，这可以激发观众探索画作背后的'故事'。"

❝ 尽管构思各异，原因多样，但每个人物形象都令我同样兴奋。❞

车辆设计

为电子游戏设计令人兴奋的车辆

> **我发现一幅画中出现的问题经常可以成为另一幅画的解决方案。**
>
> 朱峰，第20页

朱峰

朱峰作为一位世界一流的概念画家，曾效力于电子游戏产业的多家知名开发商和出版商，包括Sony、Ubisoft、NCsoft、Epic Games和EA studios。

学会从同时创作两幅动画中获得启迪。
请翻阅第20页

创作演示
游戏车辆的创作技法

为游戏设计坦克和飞机的技巧，第16页

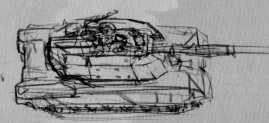

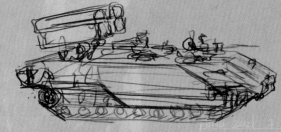

Photoshop & SketchUp

电子游戏科幻车辆设计

Massive Black绘图工作室的肯普·雷米拉德将为你揭示如何将一个概念由草图创作成电子游戏……

为电子游戏设计车辆似乎是一项让人生畏的工作。对于这项工作，概念画家们会面临从"我们不知道该设计什么——给我们展示点绝妙的东西"到"我们有20项要求必须体现于该概念中——而且要把它画得很酷"的设计挑战。在此，我将回顾一下为电子游戏设计科幻车辆时自己的一些决定和方法。

整个过程其实就是研究、规划、实验、布局和绘图的临时搭配——所有这一切都必须符合客户需求以确保本概念符合游戏引擎、故事情节和美学理念的需要。尽管概念画家们有很多方法可用，然而做点研究、规划和创新使得电子游戏的车辆设计工作饶有兴趣是非常值得的。这项工作可以使科幻车辆呈现出千奇百怪的形状，在本次的创作指导中，我将集中介绍我最喜欢的一部特殊风格的科幻小说《不远的将来》。我对军事技术和空间技术、时事政治、历史事件和社会政治过往感到着迷。这些让人感兴趣的东西就是我每天试图注入创造性概念设计中去的元素。作为一种基本原则，我觉得我越是能使虚构的东西变得真实，我的概念设计和最终的构图就会越好。

对于该游戏中的两辆运载工具，我将担任艺术总监和概念画家。简单描述该概念所要满足的标准之后，我将围绕该标准设计车辆。在此过程中，我将展示如何使用Photoshop和SketchUp通过几次重复来设计出《不远的将来》中功能完备的科幻车辆，并能够将其投入到科幻游戏的制作过程。希望你能喜欢！

Artist
艺术家简历
肯普·雷米拉德
（Kemp Remillard）
国籍：美国

肯普是旧金山Massive Black绘图工作室的概念画家。肯普曾为一些包括THQ、Hasbro、Sega、Nintendo以及NCsoft在内的高端客户设计过车辆、提供过概念。
www.kempart.com

光盘资料
你所需文件见光盘中的肯普·雷米拉德文件夹。

1 了解客户设计纲要与游戏背景

为游戏设计概念车辆的第一步是要重温客户设计纲要，并弄清该车辆所处的游戏世界的背景，其目的是为了虚构未来大约20年或许会出现的军用装备。鉴于此，我首先开始研究未来可能发生的军事行动。另外，我要深入研究飞机的隐形技术，以及什么样的设计概念适用于真实的陆地装甲车，这种研究和所获信息对于最终设计成果都至关重要。

Shortcuts
【快捷方式】
合并拷贝+粘贴
Cmd/Ctrl+Shift+C，
然后Cmd/Ctrl+V
可复制所有可见图层
并粘贴。

技法解密

设置保存选择

在绘制飞机插图时，可以在Photoshop中为飞机的内外设计都设置保存选择区。这样，你就可以始终保持最佳状态，并能在两个区域制作快速绘图蒙版。

③ 勾勒粗略图

现在我准备开始用纸或Photoshop来勾勒飞机的粗略图了。根据客户及其纲要的要求，第一轮构图可以简单快捷或稍微精细。这个阶段我喜欢快速勾勒俯视图以快速获取轮廓，不过，也可以使用四分之三侧视来表现更多细节。通常，一旦做出选择，接下来我就开始用SketchUp绘制飞机模型，但是过后有必要进行更多的修改。

② 参考图片

搜集优秀的参考图片对一项好的设计来说至关重要。推荐一个可以大量获取全球各种飞机图片的优秀网站www.militaryphotos.net。如果你想弄懂飞机的构造，那就请花些时间浏览这些图片并仔细研究一下它们的特点和细节特征。然后尽最大可能去搞清飞机不同部件的功能。此处展示的是一架值得推荐的带隐身性能垂直起降运输机的草图。我们参考了如F-22和F-35那样真实的喷气飞机，这两架飞机大概同属于一家制造商的同一系列。就我的设计而言，我想当一回书呆子，把我的飞机命名为MV-35和MV-36。M代表多种使命，V代表垂直起降能力。在设计隐身飞机时将其上部设计成拱形的一个考量是要确保设计图中的任何一个角度都不会与雷达的入射角度垂直——换句话说，每个部件必须呈向后飞驰状或呈钻石型以反射雷达。而坦克设计则较粗略地参照了现代车型如猎豹2或挑战者2。

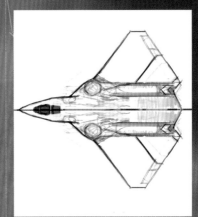

④ 图画润色

修改对于电子游戏创作来说是必须的过程，经常是整个团队的画家共同策划一件具体武器的式样。我最初的垂直起飞飞机设计方案在外形和构造上有点不切实际。于是经过更仔细的研究后，我又重新将其放回画板并完成了更符合实际的设计。然而，我仍不能在两个方案之间做出决断，于是我作为艺术总监决定同时完成两件设计，目的仅仅是想对每一个设计完成后的可能样式有个印象。 ▶▶

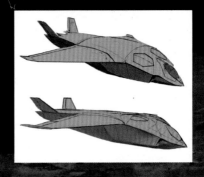

车辆设计

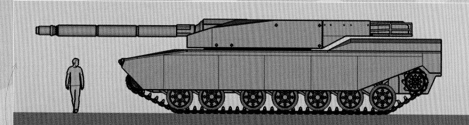

5 用SketchUp创作模型草图

我发现要想创作一件客户可明白无误的产品，3D技术的使用是必不可少的。SketchUp是一款功能强大、易于操作的软件，可以用来绘制简单或复杂的车辆模型。一旦你熟悉该程序并开始绘制模型，你就能够装配大批量的零部件来快速为你的车辆增加细节和妙处。不过，务必要做到改变零部件的形状，以便设计出独一无二的作品。

6 留取模型影像

应用3D技术进行设计的另一个重要附加功能就是你能够转动模型并找到体现你的概念的最佳角度。如果时间充裕，我喜欢对其进行多角度截图用以收藏和回顾，因为找到最佳的影像效果对未来的设计关系重大。

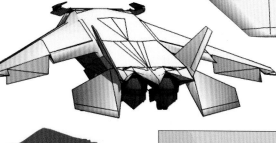

8 美学设计

为电子游戏设计任何武器装备的底线是它必须外形很酷（有人或许说应该是更富有挑衅性，但是这个词不能用来形容所有东西！）无论如何，它必须非常性感，尤其是飞机设计更应如此。尽管我十分注重其结构和工艺，但我依然努力使我的设计造型优美、生动有趣，清晰的线条和有趣的角度是作为娱乐业艺术家的共同追求。

使武器装备易于操作和外观时尚是设计的根本宗旨，因为如果你的设计缺少其中任何一方面，它都不会被用于游戏之中。最终，游戏以及其中的一切元素，都是为了取悦于人。费些时日构想什么外形算酷什么不算和设计过程本身一样也是概念画家工作中同等重要的组成部分。

7 功能设计

所有这些概念的目标是要将真实世界的典型特征融入到魔幻设计中。对于MV-35和MV-36来说，我们考虑的是要有可用的货运空间及用于垂直起降的前置引擎的安放位置。新式F-35在引擎排气管处装有起降时能够下指的特殊喷嘴，于是我也将此融入到了MV-35的设计中。还有，橱柜门式的控制板被置于驾驶舱附近的垂直起降升力风扇上方。这些门将在起飞和着陆时打开，而在飞行中关闭以保持飞机的空气动力外形，比如起落架的设计就是如此。升力风扇门的这种安排的另一效果是使飞机头部附近呈现喇叭形。为你的设计添加一些巧妙的人性化设置使其更具个性，这永远没有坏处。

技法解密

运用3D几何构图创建正交

对于车辆和技术设计，让人难以置信的是，运用3D几何构图来创建自己的正交将使你受益匪浅。几何图形越细致，你花的时间就越少，因为每个细节在每幅图画中都得到了重复。如果模型中没有特定的细节，你就需要在Photoshop中进行添加。使用Photoshop还可以添加枪栓和扣件并在设计过程中进行拖移复制。

9 正交视图

这是完成设计的武器装备作为模型或模板送交3D画家前的最后环节。每个工作室对正交的要求略有不同，但总体看来是越多越好。你的俯视图传递的信息越多，你的客户就越能明白你的车辆外观的设计意图。正交模式有时可以作为概念构思过程的事后之举而被忽略。我倾向于将其视为车辆组装之前的最后模板绘制阶段。

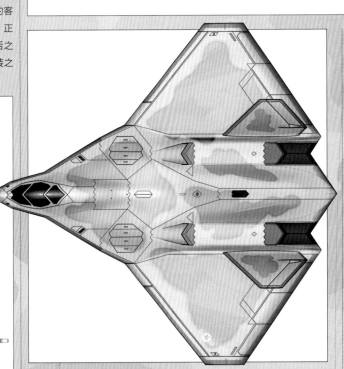

10 表面处理与细部处理

研究参考机型后，我发现隐形战机最棒的特色之一就是所有金属外壳之间非常精密而复杂的分割组合方式。我所绘制的金属外壳的分割方式或许无法吸引工程师的眼球，但它已经非常接近实物所以显得十分逼真。对于MV-35和MV-36两种飞机来说，正交视图组装时，其控制板的制作、飞机图案的设计和色彩方案的确定都是以SketchUp的底灰色调为基础在Photoshop中完成的。

11 确定最终插图

一旦全套概念设计获得批准，我喜欢为所设计车辆在游戏环境中可能的样式准备插图。这对于我要推销自己的设计理念及使游戏技术人员对我的设计在游戏中的完美程度获得一个感性认识来说是同等重要的。我希望我的坦克具有实战背景，于是我利用自定义画笔描绘出了几支烟柱和朦胧的地平线，之后便利用免税版图片来勾勒地面飞机。

照片纹理是为你的图像增加真实感的绝佳手段，一旦背景确定，就要对背景和坦克的所有明暗度数值进行调整。游戏中所有元素的明暗度应和谐统一以表示它们共处同一场所，这就意味着，必须确保图像在阴影处不能太过暗淡，而在光亮处不能太过凸显。

我最得意之处就是用自定义画笔描绘出尘土飞扬和战争残破的景象。一旦尘土画好便要设定其明暗度，通常要利用正常模式图层和完全不透明画笔来清除其边缘，并利用高光和背光来突出清理区域，最后进行贴花和光线设置。若某处不够完美，要重新修改直至满意。

演示画笔介绍

PHOTOSHOP

自定义画笔： CHISLROK	
笔尖形状	
直径	20px
圆度	100%
间距	25%
双面笔	
模式：	叠加
画笔：	纹理岩石
直径	17px
间距	25%
扩散	0%
数量	1
其他动态	
不透明度抖动：	笔压力
流量抖动：	关

我喜欢用该画笔来为坦克的外壳添加粗糙而脏乱的纹理。其形状呈长条矩形，用它可很好地绘制出在空间内逐渐变得模糊的坦克纹理表面。

Photoshop

同时创作多幅图画

将各种不同的概念设计方案融为一体可能会在实际创作中带来很多的问题。《星球大战3》的概念画家 朱峰 将展示同时绘制多幅图画是如何解决这些问题的……

两 个总比一个强——这是我的创作演示的主题。无论我是为客户创作、教学演示还是自己进行素描或绘画，我总是要同时创作一系列图片而非一张。通常，我要对所有图画同时进行创作，因此我将为该演示同时创作两张造型设计图画。我发现这样做的好处颇多。

第一，通过同时创作多张图画，我的大脑和双眼能保持高度兴奋。每当我对一张图片感到厌倦时，我便转向另一张。因此，无论创作过程要持续多久，这种方法总能使我的工作变得其乐无穷。

Artist 艺术家简历

朱峰
国籍：美国

朱峰曾与吕克·贝松（Luc Besson）、史蒂芬·斯皮尔伯格（Steven Spielberg）以及詹姆斯·卡梅隆James Cameron等知名人士共事过。而现在他成功地经营着自己的画室——朱峰设计公司。

fengzhudesign.com

光盘资料

你所需文件见光盘中的朱峰文件夹。

第二，通过在两张图画之间交替穿梭，我可以更容易地发现问题。这一点和暂停工作放松一小时的效果异曲同工，每次图画交替，我都会以全新的眼光去看待它们。

第三，我可以在短时间内创造出更多的成果。只创作一张图画直至其完工的做法在我这个行业中是很危险的，因为事实上没有任何精确的方法来衡量你的全部制作进度。客户极少只要求创作一幅图画，他们总是希望在最短的时间内看到尽可能多的构想。因此，通过同时创作多幅图画，我可以大体上

计算出我全部创作的平均时间长度。

第四，同时创作多张图画其实就是创作一个图画系列。在设计师的文件夹中，那些契合某个主题明确的项目的素描和绘画看起来给人印象更深。这体现了你采用设计语言来解决潜在设计问题的能力。

第五，迫使自己同时创作多幅图画可使我不至于太过严谨。如果我有一整套的图画要完成的话，我就不可能在不必要的细节上太过投入或浪费时间。

第六，同时创作多张图画还有一种演进的效

果。比如，我可能会偶然勾勒出一个有趣的图形或者发现一个润色金属纹理的绝好方法，我会立即将该技术或设计用于其他的图画。

最后，这样做本身其乐无穷。如果能一次完成多幅图画我觉得更有成就感——使我更加信心百倍。这样能使我保持高昂兴致而不致心生厌倦。

好吧，现在开始真正的绘画演示！

---

① 勾勒场景

我的绘画90%始于粗糙的草图，我发现匆忙作画很难有所创新，尤其是有设计限制时更是如此。这种情况下，我就设计两种适用于我之前设计的宇宙（智能小虫的星球）的太空飞船和场景。同时，我也希望所设计的两种场景能够有对比的效果。于是，第一

张图画是外星人社会名流陆续抵达夜总会或者酒吧的场景。而第二幅（附图如下）则是战争场面。第一艘飞船面朝右纹丝不动，而第二艘则面朝左正在行驶。一个场景是夜晚，另一个场景是白天。最后，其中一艘飞船用于民用运输而另一艘则纯粹是军用飞

船。这些彼此对照的主题全部与我之前提到的总主题息息相关。这些草图无需非常精密严谨，但需要充分表达设计包的内容，同时确定良好的图像效果以便于使用恰当的相机从恰当的角度进行拍摄。

描绘白天的沙漠战斗场景

与朱峰未来主义色彩浓厚的夜总会场景相伴而生的是他创作的白天智能小虫的战斗场景。两者之间的最大差别在于对光线效果的考虑……

① 创作草图

初始草图不必精细，而是必须要表现作品的基调与主题。而这两幅草图的第二幅则与为主要场景的第一幅截然相反，第一幅设计背景为夜晚而且其光源为各种人造光源，因此第二幅将被描绘为白天，为此我要考虑使用自然光源。另外，由于第一幅突出了静态主题，所以我想使这幅画中的飞船处于飞行之中。如此一来，我便能够从一副图画中汲取灵感用来创作第二幅。

2 勾勒场景明暗度

在这一阶段，我只是粗略地勾勒出局部的明暗度和色彩，尝试把握整体的色调、光线和氛围。线描要在独立的图层上进行。该阶段的分辨率确定为适合宽屏电影的5000x2128像素。活动图层只有两个，一个是线描图层，另一个是浓墨重彩的背景图层。

3 确定光源

现在开始根据光源将局部和整体的明暗度进行区分。没有很好的明暗度这些彩图不够清晰，因此该阶段尚未完成的话就开始绘制细节毫无意义。俱乐部场景有几处主要光源：俱乐部窗户、地板、城市背景灯光、汽车前灯以及室内灯光。我想让这一场景给人繁忙热闹之感，于是添加了多处光源。

4 寻找某种外形

主要明暗度被锁定后，我启动第一个通道着手处理外形的细节。此处的目标是要确定所有的重要外形。在该阶段，线描被移除，我将全身心地描绘一个图层。

5 制作镜像

一旦所有的重要构型都已确定，接下来我便可以花几小时的时间来对其外貌进行润色。在第一幅图画上——夜总会场景——我已经将整个布局做了镜像。这是保持事物鲜活的另一方法，并且能够帮助你发现透视和构图的失误。我常常直到绘图接近尾声时才确定图像的定位。

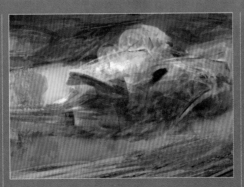

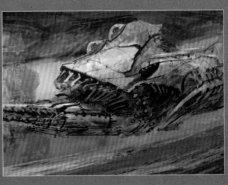

2 色彩处理

这一阶段，草图已经完成，我已对自己的构图设计胸有成竹，即一个快速移动的战斗场景。现在开始对画面的色调进行处理。我将线描画置于它自己的图层，然后建立颜色图层备用。像之前一样，我只用两个图层来绘制战斗场景。

3 确定光源

与凸显无数光源的夜总会场景不同，我想让战斗场景只拥有一个主要光源，该光源被确定为从右方射入的阳光。然而，沙漠地表正好充当一个很好的反射板的作用，将飞船的底部暴露在柔和的光线之中。

4 确定外形

现在我将图层减至一个，移除原始草图之后，我就能全神贯注地创作军用飞船的外形了。此处的目标是要完成构成飞船舱体的主要外形，我又重新参看了夜总会夜晚的场景，以参考我为民用飞船所做的设计。

车辆设计

Shortcuts
【快捷方式】
合并图层
Cmd+Alt+Shift+E(Mac)
Cmd+Alt+Shift+E(PC)
通过合并所有图层的内容到一个新图层来减少图层数量

⑥ 增加图像分辨率

该为图像进行细部特征处理了。为了减少眼睛的疲劳感和像素笔的使用，我将像素倍增至10000x4256。这样的图像尺寸会导致运行速度缓慢的PC机出现暂停，为了避免这种情况，我使用了一台配备Intel酷睿i7-960处理器和12G内存的PC机。在这样的系统中，不会出现图像或画笔延迟的现象。我无法忍受电脑的缓慢不畅，而且我相信这样的人绝非我一个！

⑦ 两幅图像的最后处理

接下来的两个小时将用于对两幅图像添加细节，我习惯于在一幅画上花费20分钟，然后转向另一幅，对两个场景的彩绘共耗时总计5小时。第二幅图像——战斗场景，主要光源单一，较容易喷涂。然而夜总会场景的着色却有些麻烦，因为此处光源较多，使所有图形略显混乱，因此该场景大概占用了3个小时喷涂才大功告成。

⑧ 后记

我希望大家喜欢这次演示并从能从中观察我的创作特点。像这样一次创作多幅图画或许有些难以应付但同时也有独到的好处：我发现一幅画中出现的问题经常可以成为另一幅画的解决方案。要想了解我的其他画作，请登录我的设计室网站。另外，我们在Youtube网站上还提供了很多免费视频指导（**youtube.com/FZDSCHOOL**）。祝大家愉快！

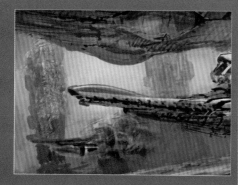

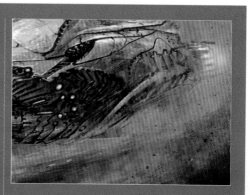

⑤ 开始润色处理

此时我开始随心所欲地在背景部分和主要飞船的某些区域添加一些润色成分。这种有点谨慎的处理方法能使我看清整个场景的全貌。我千方百计不使自己在一处耗时太多——这样做的秘诀在于把握整幅图画的进展。

⑥ 添加微妙细节

将图片像素提高至10000x4256后，我开始对该场景添加一些细微细节使之变得栩栩如生。这包括使背景中的作战飞船轮廓和从船舱上部看到的倒影变得更加清晰，还要润色远处巨大岩石结构的外观。

⑦ 沙尘描绘的难题

接下来的两个小时要对两幅图画进行细节处理。夜总会场景出现了些许问题，因为我没有使用图层，给第二幅图画添加沙尘痕迹才真的棘手。我知道，如果沙尘画的乱七八糟将很难清除，于是我就利用不透明度仅为10%的画笔慢慢描绘沙尘图层。

艺术家简历

莱恩·德宁
（Ryan Dening）
国籍：加拿大

莱恩毕业于
Sheridan大学
绘画专业。毕业
后莱恩就职于加
拿大多伦多的
Forrec主题公园设计公司，并
为德国设计了乐高主题公园。
目前担任《星球大战：旧共和
国》的高级概念家。
www.deningart.com

Photoshop

为太空战场景着色

莱恩·德宁 通过构思并充分利用Photoshop的图层技术绘制了一幅太空战的场景。

通常，《星球大战》中的太空都是漆黑一片却又星斗满天。没有星云，但外太空的小行星带及环绕大行星的轨道上却充满恶战。对于《星球大战：旧共和国》来说，我们想更进一步使玩家的视觉体验在各个太空使命中彼此迥异。我们开发过很多的设计理念，我正在尝试的是

以一颗正在消亡的恒星中喷出的气体云团为背景，飞船正在该云团内放置地雷，而你的使命是清除这些地雷并驱逐敌方飞船的场景。我主要依靠Photoshop进行图层设置。首先是快速勾勒简图，而后处理最终图像并保留多数图层以便灵活处理。我还要从为该游戏创作的其他图画中选取一

部分。当时间紧张时这样做尤其有用，但是如何使这些图画融合为一个整体却是个不小的挑战。我将使用调整图层来使图像晕映，从而创造出我想要的色阶。

① 尝试各种设计理念

通常我的创作始于略图勾勒，目的是任由创造性思维自然流淌，即使头脑中已经有了清晰的构图，但对其进一步的发挥经常也能带来更好的理念。在此，我尝试了几种不同的设置与构图。我喜欢将这些草图画得小巧、快捷而简单，使我不至于对其太费心思。在我无法获得很好的理念时，我便会放弃多媒体改用纸张或便签本进行绘图。

② 太阳表面

首先绘出一片星空，并将太阳置于其中作为中心。对于太阳表面，首先创建近似于太阳尺寸的宽和高相等（正方形）的新文件。在我第二台电脑上我收集了一些真实太阳的图片以备参考。首先要使用纹理画笔在整幅图画上设置颜色，并使之接近实物色彩。当我对太阳表面颜色表示满意时，便打开滤镜 > 扭曲 > 球面化并设置为100%。这样使得纹理给人以被球体包围的感觉。接下来打开标尺并上下拉动参考线来确定图像的中心（打开对齐到参考线功能以易于操作），然后利用椭圆形选框工具，按 Alt+Shift 将其拖离中心，剪切并粘贴于星空。

技法解密

图层选择

要想以图层内容为基础从图层面板中进行选择，可先按住Ctrl然后再单击缩略图。要修改选择项，按shift+Alt来添加，按Ctrl+Alt来撤销，按Shift+Ctrl+Alt来叠加。如果你正在以当前图层的像素绘画并做出选择，这样将改变不透明度而使边缘受到破坏，因此要使用图层面板顶部附近的方格网按钮锁定图层的透明度像素。要在图层中进行这些操作，那就在上方建立新图层并右击选择创建剪贴蒙版。

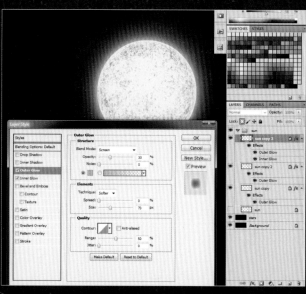

Shortcuts
【快捷方式】
画笔大小
[和]（PC & Mac）
在绘图中可使用方括号键
来增减画笔大小。

③ 图层特效

为了使太阳内外都闪闪发光，使用图层特效能达到这种效果。在图层面板底部，我选择效果下拉菜单中的外发光。这样会出现一个对话框供我设置大小、强度和颜色。将太阳图层复制几次以便更好地控制太阳光环的颜色，选用体积更大更暖的红色光环用于底层，而顶层选用体积较小的黄色光环。这样能给人以颜色变化过渡非常自然的感觉。然后将混合模式设置为线性减淡，并在顶层应用内发光以增加太阳内部的热量。

⑤ 绘制云层

我使用粗糙的纹理画笔来提升云层密布的中景的景深。当靠近太阳时，我将画笔收缩，然后复制该层并粘于太阳背后。为了获得广袤空间的感觉，我将复制层挤压拉伸，由于压缩的缘故角度发生了变化，所以我将云团旋转以便与前景搭配。接下来，再复制并缩放这些图层几次，之后锁定所有云图层并使用柔性喷笔为其着色，最后，使用涂抹工具来柔化纹理并赋予其动感。太阳前方的云团似乎仍显单调——它们需要辅以阴影。于是我复制云图层，选择其内容，减少少许像素对其进行压缩，并将其倒置（用作阴影），最后点击删除。我锁定并以暗色来喷涂该顶层，然后稍加移动压缩直至其看起来逼真。

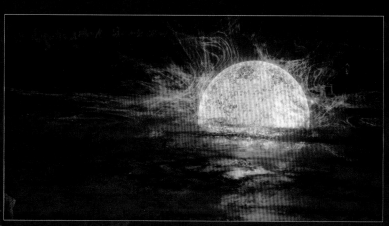

⑥ 太阳光束

在喷涂云团时，我发现太阳看起来太像真实的太阳向外喷射气体了。我将所有的太阳效果图层予以合并，并利用色相/饱和度来调节其颜色使之接近红色，而且我还将其稍微放大以适合整体布局。至于光束，我粗略地画了一些线条，然后使用滤镜>液化工具来扭曲并向四周分散。很快这些线条便有了流动的感觉。接下来，我将图层混合模式设置为线性减淡并将其复制-变换几次以凸显太阳。这时，整幅图片看起来的呈现出了橙色/红色。接着我又复制了一个图层并将其色相调整为蓝色以获得在焊炬上才能看到的灼热颜色。进而，我通过在单独文件中添加彩色斑点并使用滤镜>模糊>径向模糊功能将其放大的方式来为太阳添加蓝色喷焰。

④ 小行星带

我使用自己制作的岩石画笔来绘制小行星带。使用该画笔只需几个便能够描出形状各异的岩石。这些设置包括缩放、圆度、散布及前景/背景抖动。画好基础光环后，我使用锁定透明度像素来锁定图层，然后用柔性画笔描绘远在太阳一边的小岩石使之发亮。由于像素被锁定，我不必担心会丢失轮廓，而且也不会改变其边缘的透明度。利用纹理圆画笔粗略的勾勒出前景化岩石上的高光，使之给人以背光之感。由前到后的缩放变化，加之含蓄的光线，使整个场景看起来好像这些岩石正在绕太阳旋转。

⑦ 前景处理

为了创造一种在云雾中飞行的感觉，我用粉笔刷在云团粗略的外形内涂抹颜色，确保它们像小行星带一样看起来给人以背光照射的感觉。然后使用涂抹工具来扭曲其边缘部分，复制、变换该图层并置于整幅图画中使观众有身临其境之感。接着选取小行星的图层内容并擦除部分云团，使小行星置身其中。同时，我又给小行星添加一些高光和阴影以凸显它们表面的坑坑洼洼。

Shortcuts
【快捷方式】
合并拷贝
Shift+Ctrl+C (Mac)
Shift+Cmd+C (PC)
从很多图层中拷贝你选择的内容而无须手工进行查找/合并。

⑪ 添加晕映

为了进一步集中观众注意力，我打算提高图片中心的亮度而使边缘部分变暗。我单击并长按调整图层图标并选择色阶，然后调整光线明暗度使其从右边射入。我想使图片晕映，于是我选色阶图层蒙版并填充黑色。接着选择渐变工具并设置为径向渐变，然后选择第二个预设，即前景到透明。这要使用前景色，并调整其为不透明度 **0%**。我选择白色，将渐变由太阳中心拖至图片最左边。重复该步骤直至获得所需的亮度。太阳表面有很多喷出的耀斑，所以我重新在蒙版上用黑色柔性画笔进行绘制。新建正常模式图层并再次使渐变工具——这次选择线性渐变——从边缘部分拖入少许黑色以改善效果。

⑧ 飞船草图

开始我只是勾勒一张非常粗略的飞船轮廓图，然后，我添加一些透视线条并勾勒出主要区域以确定飞船外形，再添加一些线条来画出整个设计图的框架。接下来，我便加画主要高光和阴影使设计图初具规模。对于细节部分，我使用屏幕模式图层及颜色更亮的金属色喷笔擦除部分面板以增加飞船表面的变化。如果需要我就增加对比度使飞船形象更加动感十足。

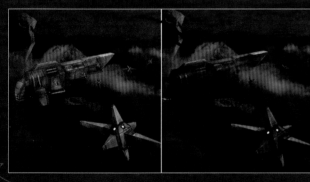

⑫ 锐化

即使使用硬画笔作画，Photoshop也容易使图画显得柔和。为了锐化图像，我进行全选（Ctrl+A），选择合并拷贝（Ctrl+Shift+C）并粘贴。这样便创建了新图层使所有图层贴合成一幅平面图。接下来，我选择滤镜>其他>高反差保留，设置其为1.2左右（如果图像分辨率较低，尝试选择更低的数值）。这样可以形成一个样子古怪的灰色图层，但如果我把混合模式改成叠加模式，那么灰色就会消失，一切都变得干净利落、清晰整洁。我再次调整图层的不透明度来优化图像效果。如果锐化程度仍然不足，我可能要删除该图层，并重新尝试更高的反差设置，比如1.8。

⑩ 绘制激光

我为主力飞船选择了蓝色激光来刻画它的火焰喷射口，并额外添加了一次爆炸。每一处被太阳光照射的部位都需要发亮的边缘，于是我建立一个新图层并添画了高光——这是提高飞船品质的极其重要一步。之后又建立线性颜色减淡和颜色减淡两种模式的图层来增加几个部位的亮度并添加发光薄雾。对于矿井里的阴影部分，我新建了正片叠底图层并使用多边形套索工具来绘制太阳中心部分发出的光射过矿井边缘的景象。

⑨ 加入外部图画

为了节省时间，我打算将部分游戏概念图用于矿井和飞船的创作。虽然这样做并非始终奏效，但既然要绘制太空，我当然能够成功地解决很多潜在的透视问题。不过，可以看得出它们搭配并非完美：它们看似很单调，而且光线与周围环境也不够协调。为了使它们能够相互交融，我直接在其上面新建了叠加层，并将其像素锁定为概念图层（为此，我单击图层名称并选择创建剪贴蒙版）。然后，使用中明度的灰紫色添画阴影，并使用浅暖色作为高光。我在顶部建立两个剪贴蒙版：一个设置为正常模式来降低明暗度，一个设置为颜色减淡模式使被太阳击中的飞船表面嘭的炸开。最后我再次选择源图层并擦除一些来显示飞船和矿井位于云层之中。

技法解密
图层处理

在此我为大家提供几条处理图层的建议。单击V打开移动工具。在选项条中选择图层并取消勾选自动选择。选择移动工具之后，按Ctrl并单击图片；该处的上部图层将被选中。（查看色板以确保这是你想要的。）还有，将图层按关键部件分组，使其组织有序。选取所需图层，然后单击Ctrl+G进行定位。我绘制速度很快，通常情况对分组进行命名就足够了。

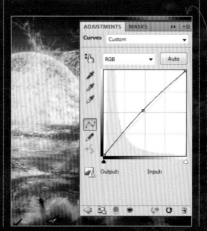

⑬ 曲线的运用

我想全面提高图像的亮度，因为我发现它在我同事的显示器上显得太过暗淡。一种亮化或暗化图像而又不损伤亮光和暗光的强大方式是使用曲线工具。创建一个曲线调整图层，抓取将曲线图一分为二的线条的中间并稍稍拖动，你应该可以看得出，中间区域开始变亮。我再次遮蔽太阳周围的部分区域，因为它们过于明亮。这样整幅图片大功告成——希望你喜欢。

人物设计

创作独具特色、勇猛无畏的
男女主角

创作
演示文件
见光盘

66 我将创作一个这样的人物
形象：他要把相互对立的世
界统一为一幅连贯而生动的
画面。99

马切伊·库恰拉（Maciej Kuciara），第52页

马切伊·库恰拉

祖籍波兰的马切伊·库恰拉自2004年开始进入电子游戏领域，曾效力于Crytek公司，从事《孤岛危机》和《孤岛危机2》的创作。目前马切伊正忙于Naughty Dog工作室的下一个重大项目——《美国末日》的创作。

参考多种艺术风格，设计偶像化
人物形象。
请翻阅第52页

创作演示
学习设计游戏人物

参考多种艺术风格，
设计偶像化人物的
形象 第42页

Photoshop
设计自己的游戏主角

亚历山德罗·泰尼通过创作英勇无畏的人物姿态来诠释游戏人物，并展现了他绘制《奴役：西游记》中男主角的高超技艺。

艺术家简历

亚历山德罗·泰尼
（Alessadron Taini）
国籍：英国

出生于意大利的亚历山德罗的艺术生涯始于在米兰担任创新设计师和插画家。此后，他曾作过游戏原画设计师及图书插图画家。现在他就职于Ninja Theory担任视觉艺术总监，负责《天剑》和《奴役：西游记》的开发。
www.talexiart.com

光盘资料
你所需文件见光盘中的亚历山德罗·泰尼文件夹。

光盘
演示画笔介绍
PHOTOSHOP

猴王画笔

该工具具有浓重的、漆刷效果。我在《奴役：西游记》的创作中使用该画笔涂抹猴王（Monkey）的肤色。

在《奴役：西游记》设计之初，我们决定使该游戏以一部400年历史的中国古典小说为创作基础。作为游戏艺术总监，我的职责是向我们的团队呈现游戏主角的相貌，这最终决定了他的很多特征。即使是设计之初，一幅艺术作品也应充分表现游戏人物的典型特征——因此，猴王要展示其无穷力量和处世态度。本创作演示中，我将给你们展示我如何将一个人物概念最终变成色彩丰富的图画并使其极富个性和力量。我将集中介绍本人的艺术手法但同时也要给大家提出一些技法建议。

① 最初草图
第一步要用铅笔创作出人物草图，并力图表达他们的处世态度和独特个性。至于这幅图像，我的灵感来自于小说中的猴王，我知道我的设计必须与小说保持一致，而且要赋予其以独特的感觉。我发现铅笔可使你自由地通过双手紧跟自己的直觉，然而，我有时会直接在Photoshop中创作草图。

② 增加清晰度
现在要拿起你的草图增加其清晰度。要时刻记住你设计该人物的目标，这对你大有裨益。对于猴王来说，知道他将与敌方强大的机械化部队作战，而且攀爬活动很多，因此我突出其脊背和双臂的肌肉来获得夸张的身体轮廓。另外，我还给他创作了一双超级强壮的大手。在我的人物创作中，我善于突出人的特征并将它们进行发挥，但不能发挥到卡通动漫形象的程度。如我创作的另一个人物纳提克（Natiko）就特别突出了她的天剑。她的形象十分逼真，但双眼比真人的要大，这使得她的面部表情非常引人注意。 ➡➡

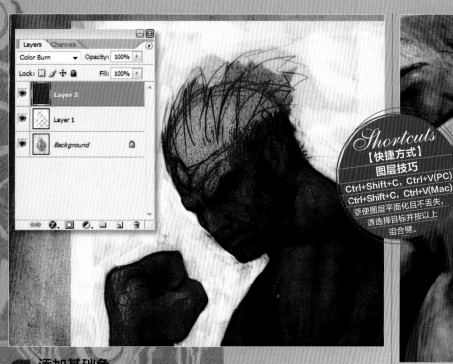

Shortcuts
【快捷方式】
图层技巧
Ctrl+Shift+C, Ctrl+V(PC)
Ctrl+Shift+C, Ctrl+V(Mac)
要使图层平面化且不丢失，
请选择目标并按以上
组合键。

③ 添加基础色

我增加了一个棕色加深图层以掩盖铅笔纹理并给人物添加背景色，这使得人物纹理显得粗糙而看似粉笔线条。棕色是人物创作时很好的一种肤色，因为你可以添加一些浅色相使之变得栩栩如生。颜色加深层添加完毕后，我便使用白色图层（该人物中的第一个图层）将整个人物轮廓凸显出来。

技法解密

光晕

在Photoshop中，引人注目的镜头光晕效果可以通过使用镜头光晕滤镜而不是我此处提到的涂抹工具来获得。

⑤ 肌肉的细节描绘

我希望所绘制的肌肉从解剖学的角度来说是准确无误的，所以我参考了一些健美运动员的照片以确保我的创作形象逼真。只要线条本身没有问题，你就可以在保持其逼真度的前提下将其肌肉画的夸张一些。

⑥ 背景信息的考量

在这一阶段，我想将人物从背景中分离出来，并创作一些具体的装饰物或设计，这些东西将在《奴役》中一次次地突现。它们命名为"艺术新潮"：它们将新艺术流派的曲线和电路板的零件融为一体。一些游戏反面人物或者说机械化部队的背部都有这样的设计，它们是游戏菜单的一大特色，同样的象征手法也被用于猴王纹身般的战争疤痕上。对于这副图画，我想使用装饰品作为背景，使其稍显游戏味道并作为人物框架加以补充。

④ 添加细部特征

之后，我使用浅色调来增加皮肤的立体感。我利用自己的柔性画笔，在其面部和全身添加浅色阴影使皮肤变得生动逼真，该画笔能产生漆刷似的纹理和面貌。眼睛是表现人物态度和引人注目的最重要特征，即便是在草图阶段，它们也是表达人物思想感情的强有力的手段。在创作图画时，要明确你想要突出的焦点是什么并对其进行细致刻画直至恰到好处。在我的绘画中，双眼是我首先要关注的焦点，其次是面部和肌肉。当逼真的肤色绘完后，我发觉猴王的头部和身体的比例有误，因此在终稿中，他的头部被放大了。

7 添加纹身

使用同样的艺术新潮技法，我为猴王添加了纹身状的疤痕。首先，我在白色背景上创作出黑色纹身并将其绘在他身体的预期部位——在本图像中，一块在肩上，一块在背上。然后，我将图层变为柔光模式。这样做给人以该疤痕和身体浑然一体的感觉。之后，我再给他的身体边缘添加一些光线来创造出立体感——这些纹身要看来酷似烙铁留下的深深的疤痕。

8 绘制面罩

我希望该游戏能够与小说保持一致，于是决定从原著中猴王的面孔获得一些启示。为此，我使用粉笔刷为面罩创造出人体彩绘的效果。这种效果兼具最简单派艺术作品和部落风格的特点。同时，该效果视觉冲击强烈但却不会干扰猴王重要的面部表情和眼神。假如我绘制的是一个全面式面罩，那它看起来部落风格一定会太浓厚并且还使脸部变得模糊不清。我创作的是一个真人形象，但他的特征却跟小说中猿猴似的人物保持一致。

9 头发细节的处理

我不必为该人物形象描绘照片般逼真的头发，最重要的是要保持其向披靡的轮廓和极富挑战性的造型，如果这种鬃毛般的头发太过逼真的话，这一切将不复存在。为此我使用粗皮笔创造出锯齿状的头发轮廓，同时为头发创造出逼真的纹理。结果，头发和头部浑然一体，强悍的外形就此呈现出来。

10 光照的处理

跟摄影师的做法如出一辙，我也喜欢从一侧入射主要光线（卡拉瓦乔风格），另一侧使用更加柔和的彩光，从三维角度使人物变得栩栩如生。这是一种常见于漫画中的技法。我能简单而有效地使用图层添加光照以凸显主题，比如猴王的形象便是如此。首先，我在人物上添加新的黑色图层，然后从图层菜单选择颜色减淡。接着，选择恰当的光照颜色。在该图画我使用左侧入射的自然光照射人物整个轮廓，而使用红光照射他的背部。当你选择颜色减淡时，黑色图层变得透明，那你就可以在其顶部画出光照效果了。你还可以选择线性减淡而非颜色减淡来创造出柔和的光线。

Shortcuts
【快捷方式】
快速切换
Ctrl+T(PC)
Ctrl+T(Mac)
按该组合键然后右击，快速调出转换菜单。

11 将对象混合

为了将人物和背景有机融合，我喜欢使用混合画笔来为其添加油画效果。这一步可在Photoshop中使用涂抹工具来完成。另外，我还喜欢将图片放入Painter中，亲自使用水性耙笔为其添加该细节。

技法解密
选择焦点

为你的创作选择一个关键区域并花时间将其调整得恰到好处。该区域必须是你要传递信息和表达人物思想的地方，你还要选择一个次要焦点作为补充。如果背景或人物的双腿不是焦点，那么就没有必要对其进行过多的细节描绘。

12 最后的纹理添加

给人物添加制服纹理效果意味着要在纸上或画布上进行涂抹。我有好几种特别喜欢的纹理，我将它们保存为可以覆盖整幅图画的独立图层。其中一张纹理看上去显得脏兮兮、满是沙尘、锈迹斑斑，因此用于背景比用于人物效果要好。我将另一种纹理覆盖整个人物形象，使之有了油画的感觉。

Photoshop

为《孤岛危机2》设计宣传画

宣传画的质量必须是最好的，且要与确定的游戏风格保持一致。

马雷克·奥孔为《孤岛危机2》创作的宣传画在这两方面都是一流之作。

艺术家简历

马雷克·奥孔
(**Marek Okon**)

国籍：波兰

马雷克是从业超过5年的自由职业插图画家兼概念画家，以其在游戏工作室LucasArts和Cretek的绘画创作而闻名遐迩。
www.okonart.com

光盘资料
你所需文件见光盘中的马雷克·奥孔文件夹。

为一款畅销游戏创作宣传画即便是对于一位非常老练的画家来说也是能使人声明远播的工作。不过，这项工作异常艰巨，它要求你必须和多种不同的媒体打交道，以确保你的宣传画最受欢迎。同时这也是一项惹人关注的工作：你的宣传画将被广为传播并为该游戏玩家广泛讨论。

任何游戏广告宣传画都必须符合业内早已确定的一切规则，这一点至关重要。技术层面的一致性也非常重要：你必须将游戏制作要件和你的绘画元素结合起来使之彼此协调。即便是在创作初始草图之前，我也要首先咨询我的美术制作人马格努斯·拉布瑞特（Magnus Larbrant），因为他将指导我的人物创作全过程并确保我的画作跟游戏吻合。通常，他首先要向我阐明他希望在画作中看到些什么，然后由我来对其说明进行修改完善。在该案例中必须要表现的关键元素包括：纳米生化服、《孤岛危机》中的主角、背景中的纽约以及公路上一个滴着外星生物鲜血的大洞。我建议在背景中添加火焰以及漫天飞舞的石屑以便将静态的场景变成更加动感十足和吸引眼球的东西。我们讨论是否应该在图画中绘制外星生物，但最终双方都同意很难勉强加入外星生物，因为那样一来整幅画面或许会变得拥挤不堪。图画创作的设计理念已经明确无误，我便开始创作了……

1 将设计理念勾勒成图

第一张草图通常非常粗糙，它只需以最简单的方式告诉艺术总监你画的是什么，因此我不必担心会犯结构性错误、缺少细部特征之类的问题。很可能我还要彻底重画或者甚至要画好几个不同的版本。将美丽的城市风光和破碎的沥青结合起来并非易事，因为我必须呈现出低至地面的东西同时还要仰视它们。经过与马格努斯短暂的讨论，我们决定使用低角度相机镜头从地面的一处裂缝向上拍摄。这样就可以给我们呈现一派漂亮的楼顶景象，同时随便摆放的沥青碎块也能被摄入镜头。

2 检查渲染要素

草图绘制完毕之后，该检查游戏制作要件了：Crytek对城市风景和纳米生化服进行了电脑渲染。当然这些东西也可以手工绘制，但是使用3D技术制作能确保图像高度精确并和游戏素材协调统一。用可能的最佳方式对它们进行修改与组合是我的职责，或许你认为可以任意使用高分辨率渲染模式的自由会使该工作变得轻而易举，但并非如此——它们太过干净，缺乏游戏氛围。我需要通过添加一些缺失的成分、修正阴影区和调整光度的方式将它们变得看起来更像表现自然的绘画作品。

人物设计

③ 绘制背景

首先从背景入手是因为喜欢在创作主要对象前先确定游戏强大的支撑结构，在这幅画中，主要对象就是纳米生化服。我使用边缘参差不齐的、不规则的宽纹理画笔来绘制漫天沙尘遮蔽楼群的景象，而另一个纹理画笔则创作出了边缘坚硬的碎石漫天飞舞的景象。这两种画笔都是由马赛厄斯·维尔哈塞尔特（Mathias Verhasselt）制作的，你可以从网站conceptart.org的网页bit.ly/91ir9m上下载（还有其他功能强大的画笔）。在绘制某些云彩和砾石时我使用涂抹工具来呈现狂风大作将一切席卷而起的场景。

④ 节省时间

我利用存档照片添加了汽车和大火。同样，这些东西也可以进行绘制但是使用现有图片可以节约时间——这在创作中极其重要——而且能够保持和渲染高度一致的细部特征。我使用绘制漫天沙尘的那种画笔绘制了熊熊大火浓烟滚滚的场景，只是画笔直径稍小。记住，烟尘和其他粒子物质都是遮地漫天的，因此它们像任何其他固体一样都受光照和阴影的影响——这就是浓烟的底部要被火光照亮的原因。最后，我调整明暗对比和颜色使得背景看起来更加逼真。这将在稍后的创作中产生良好的景深效果。

Shortcuts
【快捷方式】
删除选择图层
Backspace（PC/Mac）
单击该键可快速删除所选图层。

⑤ 美化战服

现在我开始对纳米生化服进行修饰，尽管已以对它进行了大量的细部处理，但是该套战服仍显得太过平滑，且光照效果单调。为此，我首先直接添加源自左上角的光源，复制纳米生化服的图层，使用曲线功能进行加工直至图像更加明亮，然后使用叠加模式来加深色彩和对比度。接下来，在该图层添加蒙版并擦除任何没有光照的区域。我再次重复该程序，不过这次是调整曲线以创造出暗色纳米生化服，并使用蒙版去除所有的光照区。现在我要使用较浅的明暗度来表示太阳直射的区域，使用较深的明暗度来呈现阴影部分。之后，再次回到明暗两个图层的蒙版，并调整部分区域以创造出更加清晰可辨的光照区和阴影区的边缘。该程序要重复两次，因为周围略带蓝色的光线来自天空而现场的橙色光亮则来自大火。在它的上面我进行了几处微调，并对现场的颜色进行了一些修正。

⑥ 保持战服的细节

或许你好奇我为何不使用图层剪贴蒙版和不同的混合模式在原纳米生化服图层上直接制作较浅的明暗度呢？那样做是没有问题的，但是，在这一过程中我将破坏原始渲染图的一些微妙的细部特征。将纳米生化服和背景合并之后，效果的确令人鼓舞，因为双方的光照和色彩方案搭配地非常完美。

7 使图像表现地面特征

沥青的纹理非常细腻清晰，我要将所有渲染的细节特征加以搭配，而最佳途径就是使用现有照片或纹理恰当的画笔。首先我要简单地画出象征支离破碎的柏油路面的大块沥青并施以基本光照，接下来，我将真实的纹理叠加到恰当的表面。注意，沥青边缘部分和它光滑的表面结构稍微不同，如果裂纹够深的话而且在该画面中确实如此，我必须牢记要画出公路修建过程中的不同层面，比如底层的砾石和地基本身。纹理绘制完成后，我在它上面添加新图层，并调整任何凸显物体的光照效果。而且我还重新绘制一些沥青，使所有纹理相互协调——不仅彼此相互协调，而且还要和图像中已经涂抹颜色的区域相互协调。

技法解密

利用蒙版

记住调整图层具有蒙版功能，它可以将你对调整的变化进行本地化。通过改变色调或明暗度以及对效果进行蒙版，你就可以轻松地将不同平面彼此分开。将文件夹的调整图层进行分类将使你更好地掌握它们的透明度和混合模式。

9 表现景深效果

对于沥青裂纹的上半部分的绘制我使用了之前同样的步骤，可是之后我发现不同景深的层面混杂到了一块。于是我采用了相机聚焦区之前与之后所有事物均模糊不清的照片式景深效果。这种效果对于给图像创造一种景深错觉很有帮助，但该方法必须运用得当，否则图像会看起来有点做假之感。

依据距离相机的远近，我将前景分为四个不同的图层。最上部的沥青和带有下垂胶状丝带的生物量是第一图层，因为它们最靠近相机。中间部分的大块沥青是第二图层，最底层部分是第三图层，而稍高一点的底层则是第四图层。四个图层全部使用镜头模糊滤镜，明暗对比最强的在第一层，最弱的在最后一层。如果你想避免透明，要确保所有图层边缘周围的区域稍微叠加。由于背景比沥青裂纹距相机焦点远得多，因此一个模糊景深就足够了。这样，我们创造的景深效果大功告成。

8 处理外星物质

在为《孤岛危机》中的生物量寻找合适的明暗度时，我将水母照片置于肉片的照片之上，然后调整不透明度和混合模式。接下来我开始绘画，尝试通过添加地下的离散效果和地表光泽度的变化在不同地方描绘出不同的生物量结构和密度。这种随意的画法提高了该物质的有机质感觉，也使玩家觉得它是由多种材料提炼而成，而这些材料则是更为宏大的整体的一部分——不过至今尚未显露。我还添加了湿漉漉、黏乎乎的胶状丝带把所有东西串在一起，给生物量以更多的外星物质的形象，我用黄色/粉红两种色调的混合模式突出该物质的有机质本源。叠加、柔光和强光模式可以在半透明的材料中产生逼真的光线散射的效果。

12 添加移动粒子

我需要添加一些前景化粒子效果，这包括现场漫天飞舞的微小砾石，以及落入柏油马路裂缝中的小石块和沙尘。因为这些颗粒的飞溅布满整个区域，所以我使用了之前绘制背景沙尘的那支画笔进行创作，只是纹理取样较大。然后，使用基础涂抹工具来为砾石添加微妙的动感。动感不必太过精准——能骗过观众的眼睛就够了。

13 执行最后调整

我对色彩平衡做出一些细微的调整。给纳米服和前景色调稍微添加一些暖色，这样它们即刻便从冷色调的背景中凸显出来。接着，对几处色彩进行微调。大功告成，图片创作完毕，可以向营销团队交稿了！

10 为纳米生化服创造磨损痕迹

因为纳米服是作战盔甲，它看上去应该有磨损痕迹——污渍斑斑、遍布划伤、凹痕累累。于是我首先在纳米服基础图层之上覆盖剪贴蒙版绘制一张尘土飞扬的图层。我使用两只画笔来创作尘土纹理：一支是边缘平滑的宽画笔，另一支是稍显粗糙但能绘制微妙的类似噪点图样的画笔。你可以使用任何混合模式来绘制尘土层，不过我喜欢将其设置为正常并降低不透明度。我在整张画布上尝试尘土颜色。第二张是布满凹陷和伤痕的磨损图层，如同之前，我依旧新建剪贴蒙版覆盖纳米服的基础图层。创造可信度极高的凹陷的最佳方式是在一个区域对深浅明暗度进行尝试，然后参照光源依次绘制凹痕。我经常将凹痕作为一种区分战服外表不同区域的方式，比如双肩上的纳米带子。最后一张图层全部由硬划痕构成。我又一次建立剪贴蒙版，然后用硬圆画笔绘制划痕。多数磨损位于纳米材料的坚硬边缘处，因此我要确保它们显眼而易见。我还在硬划痕图层添加蒙版并使用了粒状纹理来表现其高度真实性。最后，在主要反光表面添加了几处光亮，并对光照和色彩平衡进行了少许改进。

技法解密

追求协调统一的外观

图画细节的协调是创作成功与否的关键。因此，如果你使用细节太多的电子照片或纹理，要毫不犹豫地使用中间值或模糊滤镜来减少部分细节。在非焦点区域添加太多的细节对你的画作百害而无一利。

11 检查色彩平衡

我将该图画中的色彩平衡和《危机2》中使用过的参照色板相搭配，为此我使用了色彩平衡和色调/饱和度调整图层相结合的办法，同时用蒙版将图像的不同平面分开。我想在图像上创造一种忧郁的、微黄与微蓝相间的外表来突出一座城市被外星人侵占时的可怕气氛。

Photoshop

设计太空探险游戏中的巾帼英雄

勇猛无畏的个性及清晰可辨的轮廓使人物形象过目难忘。**凯文·陈**将带你领略整个设计过程……

艺术家简历

凯文·陈
(Kevin Chen)

国籍：美国

作为自由职业概念画家和概念设计学会的创始人兼会长，凯文最新的创作项目包括为《子弹风暴》进行人物和服装设计。
catapusdesign.blogspot.com

光盘资料

你所需文件见光盘中的凯文·陈文件夹。

一个好的人物设计要创造一个能帮助确立游戏主题、故事展开方式及清晰程度的偶像形象，这些都是游戏能够顺利开发的必要条件。我将与大家分享一些设计技巧，并向大家展示在游戏人物设计中所了解的设计技巧和创作过程。

为游戏设计人物不同于为电影或动画片设计人物，游戏中的人物必须具有双重职能——他们既是讲述故事的原型人物又是相互作用的伟大的天神化身，它们能让玩家使自己置身于游戏之中并能与游戏世界互动。

为CG产品创作人物插图与创作印刷品插图略有不同，我们的目标是用图形和纹理尽快地向塑像师清楚传达我们的设计。因此，我们常常使用很多照片来加快进度，而且对其渲染也不那么重要，因此最终的游戏人物造型才是决定性的。作为人物设计师，我们需要在前期探索多种设计理念并确定一些有趣的设计方案的最廉价方式。这些设计方案要有助于激发整个团队对这个新开发项目的热情。

我的创作展示将揭示我是如何将一个粗略的设计理念从线描画变成色彩斑斓的成品以用作游戏制作前的先期广告宣传画的。咱们现在就开始吧！

① 做些前期研究

在开始绘画前，我喜欢花点时间思考并研究可以用来刻画人物的不同方法。目的不是为了了解她是一部科幻游戏中的巾帼英雄，而是要自问此类问题：这个人物是谁？她来自何方？她是干什么的？她为何出现在这个故事中？这个故事发生于何时？自问这些问题有助于我更深入了解人物，唯有如此我才能为此设想出一些饶有兴趣的答案并围绕这些答案进行设计。

② 刻画人物姿势

我首先刻画一个身体比例精确、姿势能够恰到好处地表达人物个性与态度的普通人体模型。在本案例中，我希望所绘制的女英雄要有高傲的神态，于是我给她画出了弯曲的脊椎骨和高耸的肩膀以凸显其胸部、表现其自信。为游戏人物设计姿势时，最好是使其手臂远离身体以便于该造型设计泾渭分明结构清晰。经典的四分之三前视和后视的人物绘画技法非常适合于游戏创作，因为它们能使塑像师看到最多的信息。 ➡➡

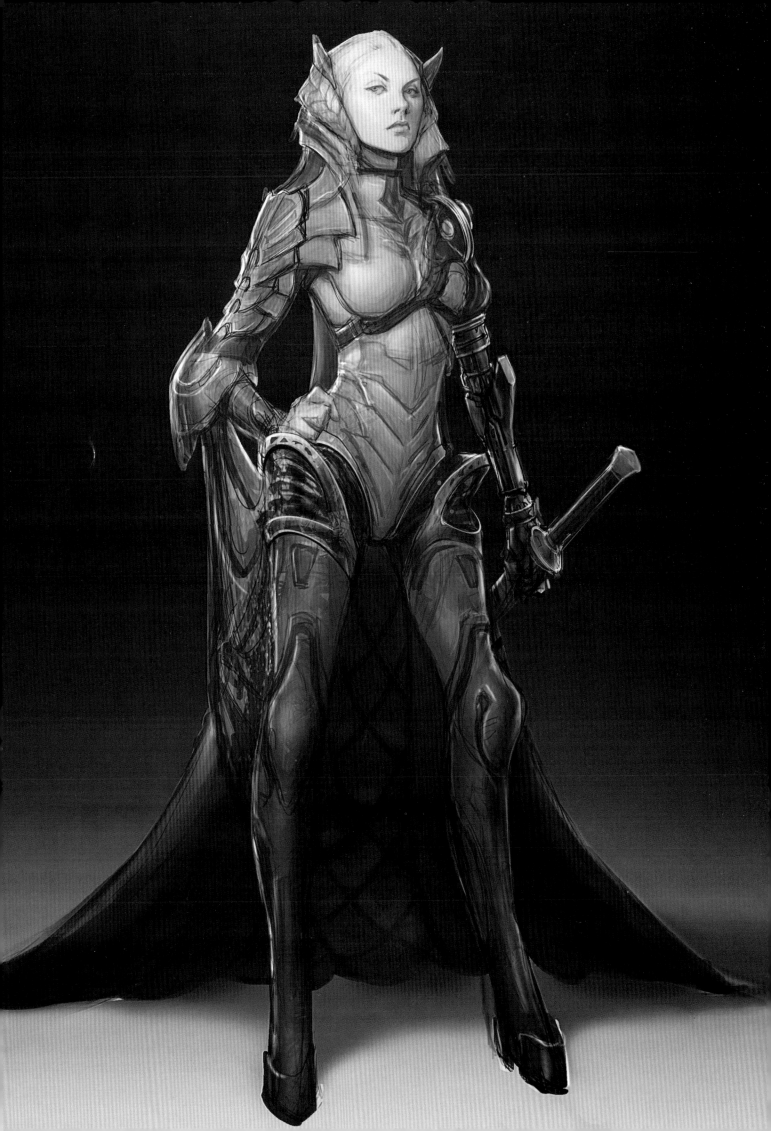

人物设计

③ 刻画面部和身体

在进行人物设计时，个性的表达是最重要的：它能够促动其他一切的设计，而且是给观众留下印象最为持久的东西。我希望将人物设计地个性独特，面部结构特色鲜明，体态风韵独具。我将她的头骨结构画得稍大以便使她的面孔引人入胜，因为我想给她设计一副欧洲贵族的面孔、剑客的体型。

⑤ 充实人物设计

这时，我发现她的机械化左臂需要进一步清晰化，于是我在右边素描了一些新的构思来对设计进行平衡。整套服装看起来有点太过杂乱，于是我在左边做了简单的勾勒帮我更清楚地看到图片的整体布局。（我还考虑过如何使她的刀刃变成鞭子？）通常我在这一阶段要呈现给艺术总监至少三套设计方案供其挑选，之后就对被选中的方案进行颜色处理。

进行3D构思，使用全视角进行设计。

Shortcuts
【快捷方式】
自由变换
右击图像并选择第一个选项，可以增加图像的变形和拉伸效果。

⑥ 给人物添加蒙版

为了帮助缩短清理时间，我涂抹一张选择区蒙版以便于我能够将人物和背景轻松分离。我喜欢这样做，因为它有助于我看清没有内部细节时人物轮廓的效果到底如何。你也可使用套索工具来完成这一过程，但是我喜欢使用画笔，因为画笔让我拥有更多的支配能力。

技法解密

放大动画

在平台游戏中，当人物在屏幕上快速移动时，你经常能看到它的整个身体。为了使动画更具观赏性，一个常用技巧是将重要动画区域的形状、明暗度或轮廓放大。这样，无论人物何时移动，它都能使动画有很强的观赏性，因此观众就能够轻而易举地跟上人物的移动轨迹。关于这一点，一个很好的例子是与此齐名的系列动画中的茜努比（Shinobi）的头巾。这个头巾能够使玩家追踪到他的任何活动方向。

④ 设计创作服装

设计服装时的重要一点是要考虑人物的前视和后视——尤其对于第三人称平台游戏或第一人称射击游戏来说更是如此。在这种游戏里，人物在**80%**的内容中都是背对观众的。为了实现构图清晰，要将服装进行大中小型的变化。这样能够创造一个良好的平台使图像的细节部分成为观众注意的焦点。出于对游戏队员的身份、动画制作和用户界面设计等原因的考虑，主要游戏人物的面部、双手及背部上方都是重要部位，因此你需要仔细斟酌。

⑦ 周围光照

使用蒙版作为选择区，我给背景添加由暗到亮的渐变。为使人物突出，我在她身上使用反向渐变。同时，为了使图画在整个渐变中都能显现，我对图层使用柔光或叠加功能。

8 设计局部明暗度

在添加任何引人入胜的光照效果前，我总想将人物绘制得好像她矗立于周围射入的光线中一样。这样能保证她在阴影中和光线充足的场景中都能看起来非常自然。当设计局部明暗度时，我使用小中大三种比例的明暗度表示亮度阶变。

9 测试色彩搭配

我尝试使用能够激发观众情感的色板，我使用皇家旗帜的颜色作为设计基色来表达她的个性与高贵的血统。给你的基色赋予生机或降低其饱和度使之呈现暖色调或冷色调非常重要，这样你就可以进行高光处理了。作为普通规则，如果你的人物设计成雕塑像，那就使用简单色彩，如果人物形象太过平面化，那就使用复杂的色彩搭配。

10 开始创作肌肉的色调

我开始大体描绘肌肉的色调来帮我调整周围其他部分的色彩饱和度以便于之相呼应。她的皮肤是一种很有意思的材料，因为它暗淡的暖灰色外表能够吸收任何投射到它上面的颜色。同时这种材料也是透明的，光线能够穿透肌肉部分使它在阴影处呈现鲜艳的红色。刻画高质量皮肤的关键是仅在肌肉部分使用红色调。

11 渲染人物主要组成部位

为了节省渲染图画的时间，我使用柔光或叠加绘制一个圆柱和一个球体，并将其置于人物身体主要组成部位的上方。你可以看到它们分别位于人物的左侧和右侧。通过这种技巧，我可以使用光线和阴影快速画好几个大的区域。在那些需要涂抹速度更快的地方，及当时间极其紧张时，我会在该阶段使用电子照片。照片可以给我提供很多微妙的细节和变化多端的色彩，这些东西如果进行手工复制将非常耗时。

Shortcuts
【快捷方式】
曲线工具
Ctrl+M (PC)
Cmd+M (Mac)
快速改变饱和度，为肌肉色调添加中灰和饱和阴影。

12 确定服装材料

要想开始对服装材料进行渲染，我首先要确定图像中最软和最硬的材料。在本案例中，那就是她的皮肤和金属盔甲。对于皮肤，我使用曲线工具来控制阴影部分的饱和度，并在其色调中加入微灰色。对于金属盔甲部分，我使用套索工具给它创造出干净的边缘，再利用颜色减淡图层为其造就完美的饱和度，同时在金属盔甲表面涂抹反射光。

技法解密

设计游戏玩法

在游戏制作中，游戏玩法经验是所有设计必须遵循的核心内容。创作游戏敌人时，你必须绘给他们设计清楚的外形等级，这样你才能搞清楚谁是头目，谁是士兵，这一点很重要。你需要有明确的设计方向，这样玩家才能明白哪边是危险地带，以及到哪儿去找盲点。在设计主要人物时，他们的背部和武器非常重要，因为他们经常代表着游戏中队员的健康和武器的数量。

13 三个图层，三种材料

一旦人物所有的肢体末端都已设计完毕，我就集中精力设计其中间部分的各种材料。对于一个可信度很高的服装设计来说，永远需要至少三个布料图层和三种服装材料。如果我很难表现某种材料时，我常常把它单独绘成球体来分辨出它的各种颜色以及反射能力的大小。一旦解决了渲染问题，我就能够选取颜色用于我的人物设计了。

14 颜色渐变

为进一步统一各种颜色并创造更好的光照感，我常常在人物或背景上添加另一渐变图层。在该案例中，我采用了由暖色到冷色的渐变以模仿光照环境下自然光的投射。为了使渐变稍微变亮一些，我最喜欢使用柔光，因为它对于颜色和明暗度能产生非常柔和的效果。

15 添加戏剧舞台效果

为了给游戏人物创造出戏剧效果，并使她从背景中凸显出来，我在她身后施加了强聚光以创造漂亮的边缘光线，并凸显她的身体轮廓。为了制作边缘光线，我使用油漆桶工具来建立一个黑色图层并为其设定了颜色减淡图层的属性。当我向该颜色减淡图层上部涂抹暖白色时，模仿强光照射物体时的饱和度的漂亮光照效果就出现了。

光盘

演示画笔介绍

PHOTOSHOP

自定义画笔：椭圆画笔

椭圆画笔，若设置1000%的间距，就是一款简单而实用的工具。我经常用它来帮助清除机械物体上的椭圆或圆柱。

16 最后的调整

经过几次改进之后，设计宣告结束。

通常要经过几次修改才能使主要人物设计获得批准进行3D塑型。一旦批准，标准做法是为塑像师制作一个材料名称清单以供参阅，同时提供一张转身图已完成整个设计包。

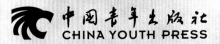
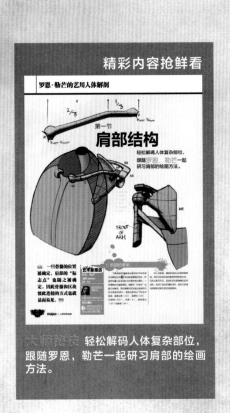
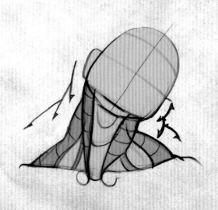
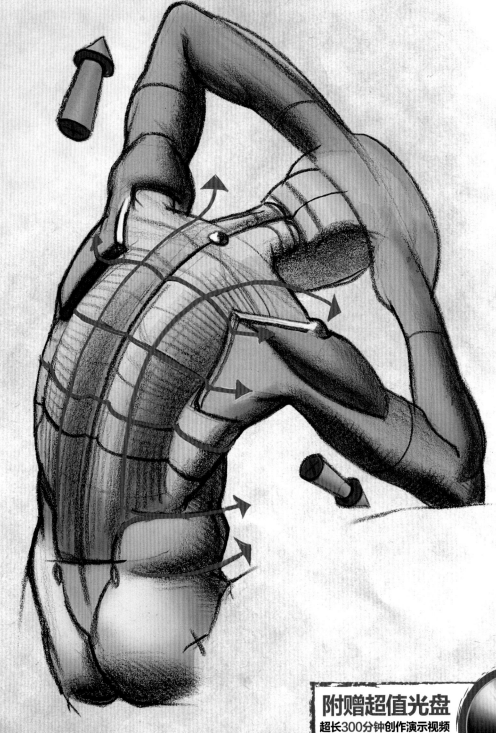

Photoshop & SketchUp

重塑经典漫画人物

你如何塑造DC漫画中富有同情心但却内心邪恶的哈利·奎恩的形象？
Rocksteady画室的概念画家 坎·马菲迪科 将向你展示他是怎么做到的。

DC漫画中的英雄和恶徒的形象丰富得让人难以置信，这给艺术家提供了令人着迷的丰富多彩而又非常有趣的人物形象。有幸能每天进行着这样让人激动的人物创作，使我每次坐在Rocksteady画室的办公桌前都会变成一个十岁的快乐少年。

为《蝙蝠侠：阿甘之城》构思无数概念的过程使我明白：你不能简单地参与其中并对这些人物胡乱设计。因为这些人物形象中有些已经存在了长达70年之久，世界顶级漫画艺术家们和插图画家们都极大的推动了他们的演变。

在这次创作演示中，我将根据对哈利·奎恩（Harley Quinn）的描述进行绘画创作。她因为自己极端的行为举止和对约克（Joker）的爱而闻名于世。我的目标是创作一幅与该形象相反的图画来表现她更加人性化的一面。我选取了她独处并沉思的时刻来进行创作。阿甘之城的事件都十分令人惊奇，而她终生的挚爱约克（Joker）则病情危重。她变换的装束，迅速行动去完成即将到来的使命。

Artist 艺术家简历

坎·马菲迪科
(Kan Muftic)

国籍：英国

坎是一位在电子游戏、电影、广告和音乐界均拥有广泛经历的概念画家和插图画家。

www.bit.ly/kanm

光盘资料

你所需文件见光盘中的坎·马菲迪科文件夹。

1 构图

若你想用你的人物形象来讲述故事，那就必须花时间研究构图。在Painter中，我设想哈利正在更换自己的装束，由此开始先粗略地勾勒一些设计理念。此时，我不想画的太过漂亮（我从不在这一阶段进行任何细节刻画）。我只是草绘几个版本来尝试不同的构思、角度和姿势。在这一阶段，一旦我创作出几张草图，我就将他们集合起来提交等待批准。

2 绘制草图

第一张草图的影响最大，所以我就将人物剪下并放大一倍（画布>重置大小>宽度200%），同时确保已经检查过约束文件大小工具箱。接下来，我开始选择颜色直接在我的图画第一层也是唯一一层上涂抹。这有点不合常理，但对此我理由充足：它使我精力集中，同时还能够提高涂抹边缘和尝试颜色的技巧。我发现同时处理多个图层时，很容易在无数的选择、尝试和错误中偏离轨道。只处理一个图层能够使你集中精力仔细考虑并专注于所选颜色和结构。

演示画笔介绍
PAINTER

标准画笔：油画棒

这幅作品的99%都是使用该画笔创作的。

调和鬃毛笔

这也是我所钟爱的画笔之一。这种光滑细腻的画笔可以使数码笔划起来像是传统画笔所作。

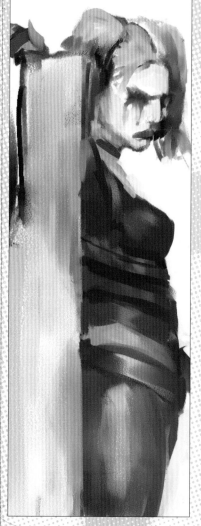

3 依据设计添加元素

我草拟一些服装设计的基本元素，向她的脸部涂抹睫毛膏，这给游戏的背景提供了一个不易察觉的暗示。我还为该草图粗略地添加了一些其他元素。这些元素稍后将给予详细说明——此时我只是想给它们找到恰当位置而已。我想避免将事物过早地鲜明刻画出来是很重要的，因为这一阶段仍然只是一种探索和对颜料的尝试。　▶▶

游戏画家

翻至第11页你会发现更多坎·马菲迪科为Rocksteady工作室的《蝙蝠侠：阿甘之城》创作的作品，这些优秀的概念画将给你带来很多灵感……

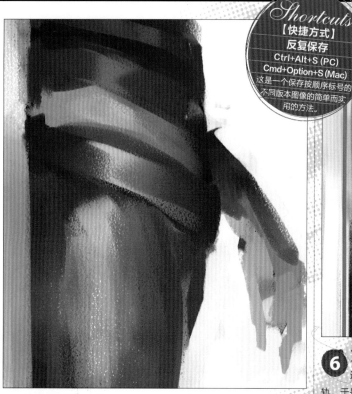

4 裁剪与绘制草图

我断定这张图像中哈利对面的空间太大，所以我就对它进行了裁剪。记住构图在视觉形式的故事讲述中是统领一切的国王，即便是在绘制粗略草图的阶段我的油画棒也非常高效，我用它非常精彩地描绘了几处边缘。用这些画笔我在画布上画出长长的宽笔划。创作草图是个有益身心的过程。

5 挪动部分构图元素

我意识到需要对图像进行一些修改，但是我发觉一旦你开始涂抹颜色就很难回到初始状态重新设计你的构图了。因此，现在就回归初始，并纠正一切或许是最好不过的了。利用套索工具我选中图像的左侧部分并将其移走，然后快速在哈利身体上勾勒出更多体现她的装束的缺失部分。

技法解密

添加个性特征

创作超级英雄的确非常有趣，但最好是能将他们刻画得尽可能人性化。这样，你可以因此产生更多共鸣。

6 充实图像细节

这时候我觉得自己的创作已经步入正轨，于是我决定放大图像。这样做的原因是我仍然希望快节奏绘画，哪怕是对于细节部分也是如此，我不习惯于在图画的细枝末节上浪费时间。我开始充实画像的细节并给她添加一双她常在《蝙蝠侠：阿卡汉姆疯人院》里穿的紫色皮靴。紫色给画作的整体色调起到了锦上添花的作用。

7 将图画组合成形

之后，我开始处理人物和环境的一些细部特征。我不想失去对画像整体的把握，所以我力争不将它放大。我的画布上有足够多的颜色类别，因此我可以直接使用而不必重新调制色彩，而且，我的每一笔都很有力度，很有自信。要使每一笔都相互叠加，而不是乱画一气或小心翼翼地将它们排列起来，这一点至关重要。

8 面部表情刻画

在她面颊上我添加了一丝微笑，以前的她看上去怒气太盛，与她的性格有点不符。还有想到这个形象所代表的全部故事就使你想给她添加一些有趣的细节。即使是刻画人物脸部的一些复杂细节，我依然轻松自如，我的胳膊在桌子上慢条斯理地移动。奇怪的是，我刚开始着手干，就画得比以前棒得多。

9 边缘结构

这个别出心裁的术语——边缘结构，指的是画作中的柔和边缘和锐化边缘之间的关系。通过使用光笔压力，我创造出了轮廓鲜明的锐化边缘；当我慢慢将光笔提起时，边缘变得柔和了。在这幅画上，哈利的头发让你看到了很好的边缘结构的例子。

10 长筒袜的绘制

在第一部游戏《蝙蝠侠：阿卡汉姆疯人院》中这双长筒袜是哈利装束中很有代表性的部分。当我开始勾勒时，我就意识到自己以前从没创作过长筒袜，它是外形富有弹性而又非常精致的东西，因此想画得惟妙惟肖并非易事。我尝试在网上寻找一些可参考的东西，但让人深感意外的是，我几乎找不到任何穿着长筒袜的图像。在彼此毫无关联而又模糊不清的图片中寻找对你有用的图像真的很难！我没时间去搜寻那些生动的图片，于是只好试着凭借对袜子的常识来创造一双。

11 靴子的绘制

在试图不破坏哈利的长筒靴的原型的前提下，我给它添加了一些细节的东西，因为到现在我还是很喜欢这双靴子的边缘特征的。靴子光滑而闪亮，于是我就使用一些鲜明的反射光使其更加显眼。我努力确保靴子的外貌不被改变，同时使之与相邻的衣服感觉截然不同。

12 提高对比度

我快速切换到Photoshop并添加调整图层（图层>新调整图层）。我将滑块滑到代表色调信息的"黑色波浪"的最两端来提高对比度。这一步也可在Painter中使用平衡功能来完成，但我发现Photoshop更便捷。

13 更多细节处理

我改变了哈利的微笑使之看起来更加自然，并为其添加了一些诸如黑指甲的细节来帮助使其个性更加鲜活。

14 紧身胸衣的刻画

用提高对比度的方式进一步丰富了画像之后，我又切换回Painter选择画家颜料菜单中的几支平滑的调和鬃毛笔。这些画笔对于渲染皮革表面和皮肤效果极佳，于是我将哈利的紧身衣稍微放大开始处理其构造。这是整个创作过程中最难最耗时的部分之一，这也说明了练习绘制各种各样的生活物品是多么的重要。

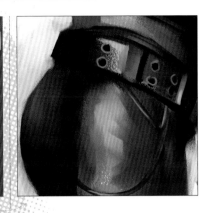

15 高光的处理

巧妙地为高光及高光边缘部分定位可以成就或破坏一张图像。这就要知道将高光施加到什么材料上的重要性所在。在这张画作中，我创作了一件皮革紧身胸衣，这就意味着我不能简单地随便添加几处反射光就大功告成——胸衣表面的纹理能够吸收部分光线，比如它不会以金属那样的方式反射光线。因此，我绘制的高光有点模糊黯淡，这样才能给人以皮革的感觉。

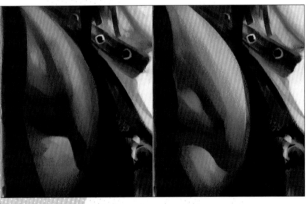

16 艰巨的腋窝处理过程

直到现在，我对人物的身体姿势、面部表情和各种色彩的恰当处理仍是得心应手的，但却一直推迟对这一区域的处理……而现在到了解决最难绘制的腋窝和肩膀的时候了。我知道这一过程会很艰难，因为我无法确知挡在其他物体之后的手臂到底是什么样子。这也是我最后悔以前没有多进行真实人物绘画的时刻之一。我将颜料涂来涂去，试图找出看似合适的颜色。如果真的陷入困境，就要做点恰当的研究、拍摄几张参考照片或请人为你摆个姿势看看。听起来好像工作量挺大，但如果不这样做而是纠结于创作过程中的错误可能更加耗费时间。

17 面部处理

在腋窝处耗费了大量时间之后，我开始处理她的面部。对我来说这是最有趣的工作：我发现如果处理得当，面部表情的绘制虽然极具挑战但却最有收获。即使经过放大，笔划仍然是自由地相互叠加着。她的面部需要更多的表情但我必须保证她看起来年轻漂亮。在此，精确的修饰才是关键。经过一番精雕细琢我终于得到了我想要的结果。

18 外部干预

在创作即将大功告成时，艺术总监要求我对图像进行修剪，使哈利的装束更准确地呈现她在《蝙蝠侠：阿卡汉姆疯人院》里的打扮。如果这样做能使她看起来更加时尚的话，我将乐此不疲，我相信哈利也绝不介意……

Photoshop
融合多种魔幻风格

马切伊·库恰拉 将展示如何设计偶像式女英雄，并将不同艺术风格融入其中，使概念和色彩和谐一体。

Artist
艺术家简历

马切伊·库恰拉
（Maciej Kuciara）
国籍：波兰

马切伊是一位艺术总监兼概念画家。他在电子游戏和娱乐设计行业从业六年，专为Crytek和Naughty Dog创作概念画和接景画。
www.maciejkuciara.com

光盘资料

你所需文件见光盘中的马切伊·库恰拉文件夹。

光盘
演示画笔介绍
PHOTOSHOP

自定义画笔：软硬双边笔

这种画笔用于素描时似有魔力。它软硬对立的边缘还有助于提高表面高光的质量。

粉笔纹理画笔

这种简单的粉笔画笔对于将油画纹理用于绘画作品来说非常理想。它能与画布上的油漆很好地混合，因此我用它来遮挡颜色。

对 于这次创作演示，我将带领大家学习创作有趣而独特的人物设计的几个简单步骤，并且这一设计不会被局限于任何具体风格。我将试图打破风格之间的界限，将各种有趣的艺术成分融为一体，尝试将对立世界和谐地融入一张引人入胜的人物画像中。为此，首先我要关注几点，比如如何呈现以及如何设法将不同理念变成概念草图。最后，我要将自己中意的草图慢慢变成完整的人物画像。

本次创作所展示的主题是一个女英雄——一个所有艺术风格钟爱的题材。我对她的身份和她的相貌了如指掌，她是一个喜欢寻衅滋事并且被通缉的金发女飞行员，她手持冲锋枪、背插武士刀、胯下驯化龙、横扫一切拦路者。

但是也有问题要克服，我将向你们展示对颜色的娴熟运用如何将迥异的艺术风格融入一幅图画。安全带系好了吗？要系紧！

1 思考一些创作理念

首先，在开始考虑具体事项如明暗度、色彩和细节处理等之前要考虑如何呈现你的人物。依据你选定的主题，人物设计可以以标准肖像照的方式展现，或者也可以将男女英雄置于特定场景的动作照/电影照来进行展现。每种选择都有其各自的长处和短处。

2 为主题选择恰当的创作理念

用点时间在纸上或者在Photoshop中胡乱画几幅草图将有助于你做出决定。对于该创作展示，我完成了三幅不同的草图——其中两幅分别为一张被动和一张主动的电影照，另一幅是简单的肖像素描。我尝试思考过能够相互搭配的不同主题：魔幻、科幻、后世界末日余威、葡萄美酒和现代世界。

我发现第三幅肖像素描画最吸引我的注意。它给了我一个展示人物装束有趣细节的机会，这可以揭示女英雄的部分生活环境，并透露一些受人欢迎的故事情节。 ➤➤

③ 参考图片

在我双手沾满颜料开始深入绘制草图时，我总是要花些时间对主题进行一番研究。我发现绘画时手头收集大量的照片和照片纹理很有帮助。因为希望自己的画作能够栩栩如生，我总是不断地研究照片和自然环境，试图搞清光照和色彩效果的原理。

④ 处理明暗度

一旦对自己的草图表达的含义感到满意，我便开始构思一些细节。这使我坚信，在接下来的几小时内我要付诸实践的一些想法的方向是正确的。我继续设计用以强化我的构思的明暗度、色调和光照效果。我试图用黑白两种颜色绘出足够多的细节以确定我在何处着色。利用几只自定义画笔来创作有趣的形状和图案使我把握住了用于将来着色和细节处理过程的一些关键理念。

⑤ 着色时间

当我对草图的明暗和细节表示满意后便开始为图像着色。对于飞行员女英雄来说，我尝试创造一种将观众的思绪拉回到第一次世界大战时期的空战战场的光照效果。于是我添加了引人注意的落日。以强烈的高光照耀人物的轮廓。周围的蓝色光线穿透云层给这一幕造成了一组对比鲜明的主要色彩：蓝色/蓝绿色以及黄色/橘黄色。

⑥ 自定义画笔

一旦主要的彩色笔划已经准确到位，接下来要使用自定义画笔在草图的上部继续添加颜色。我使用这些画笔慢慢添加各种色彩并将其融合为心目中的光照效果。同时，我开始为图像填补一些提升人物整体形象的细节。

技法解密
查找错误

将翻转画布选项绑定于触手可及的按键。在镜像中观察画布，能清楚地反映出图画的结构、明暗度和细节平衡的错误。

⑦ 注意光源

当我向图画添加色彩时，我特别注意考虑光源位置以及光照对人物产生的效果。在这幅画中，我使用强烈、刺眼而又温暖的太阳光，并结合天空暗淡的冷光共同构成周边光线。依据这种理念我又继续画了一段时间，试图将已经完成的工作统一起来，使各种不同的元素能够相得益彰。

Shortcuts
【快捷方式】
提升自定义画笔功能
F5 (PC & Mac)
编辑你的自定义画笔纹理，选择纹理图层，然后编辑>设置模式。

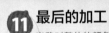

8 添加细部特征

当我对色值和各种构形的细节表示满意时，便开始着手为中心部位添加细部特征。我一直喜欢使图像的最重要位置保持清晰可见的边缘和纹理。在我的草图中，焦点是人物形象，而驯化龙的皮肤以及天空的刻画则较为随便。有了这种技巧，即使背景光照十分强烈，我也能使观众的注意力集中于图画的焦点：人物。

9 颜色更正

最终图像的细部特征已经充足，可以认为它已接近完成。此时我通常后退几步试图从一个全新的视角来审视创作成果是否令人满意或者是否需要进一步修饰。我觉得自己对色彩还不是非常满意——它们没有完全蕴含我心目中的创作理念。在这种情况下，我通常要尝试看看使用通道能否找到提高明暗度和对比度的途径。

技法解密

编辑色彩

你可以通过创建色相/饱和度调整图层，并从其模式下拉菜单中选择你想要的颜色来轻松地改变图像中的色彩。你还可以通过调整来改变所影响的硬色和软色的范围。

10 几处润色

我利用色彩平衡、色阶、色相/饱和度、可选颜色和抖动来调整图像的色彩直至它能够接近我所设想的人物形象。我不会将调整图层局限于正常设置——相反我会挑战一下 Photoshop 的高级选项，比如每个通道的控制色阶（蓝、红、绿）或每种颜色的色相（绿、黄、红等）。我不惜耗费时间来保证我的作品的色彩必须让我满意。

11 最后的加工

当我对整体的颜色层次感到满意后，我在需要添加更多细节的地方增加几处修补。我还尝试修改几处之前绘制草图时留下的不太鲜明的笔划。最后力争确保即使是图像的最暗处也要清晰可辨。我使用自定义杂色图层在图像的最暗处利用自定义画笔进行颜色尝试。

怪兽概念设计

为游戏创作表现力极强的怪物

创作
演示文件
见光盘

> **这些创作经常给整个团队带来灵感或者在团队中引发热烈讨论。**
>
> 达里尔·曼德雷克（Daryl Mandryk），
> 第62页

达里尔·曼德雷克

自1999年进入娱乐业后，达里尔·曼德雷克就将自己的名字融入了包括Turok、SSX和TRON在内的许多游戏项目。在创作演示中，他将揭示创作动感十足的怪物图像的一些秘诀。

将你的怪物置于一个场景中，给画家团队以启示。
请翻阅第62页

创作演示

创作令人惊奇的怪物形象的技法

58 和卢克·曼奇尼一起创作宏大的外星人战斗场景

创作一幅两队外星战士之间决战的逼真场景。

62 和达里尔·曼德雷克一起创作动感十足的概念画

创作一个战斗场景展示你的怪物设计。

虫族的绘制技巧.
第58页

Photoshop

创作宏大的
外星人战斗场景

揭示如何逼真地描绘战斗场景，恰似~~卢克·曼奇尼~~创作的两名威力无比的外星战士之间发生冲突的生动画面。

在 即时战略游戏《星际争霸2：自由之翼》中，玩家拥有飞鸟般宏大开阔的视野。这对策划击败对手来说极有帮助，但从更戏剧化和艺术化的角度来说，这也留下了进一步改进的空间。最终，我决定只呈现战斗过程中的一个瞬间。这幅图画是关于一次发生在威力无比的神族光明执政官和最令人胆颤的虫群地面部队猛犸之间的对抗。

我的目标是凸显两个战士发生冲突之前的几秒内那种无法控制的能量，并且着重表现虫族猛犸凶残无比的有机能量和神族光明执政官的纯精神的高度集中的能量之间的对比。然而《星际争霸2》中的战斗通常有几百场之多，在此我将只集中展示这一场决斗，同时依靠无缝剪切来展示在他们周围还有一场更大的冲突。

Artist
艺术家简历
卢克·曼奇尼
（Luke Mancini）
国籍：美国

卢克是一位澳大利亚概念画家。他现已移居阳光明媚的加利福尼亚并供职于Blizzard娱乐公司从事于《星际争霸2》的创作。
mr-jack.deviantart.com

ImagineFX
创作
演示视频
见光盘

光盘资料

你所需文件见光盘中的卢克·曼奇尼文件夹。

1 创作草图

我的创作开始于快速粗略的勾勒草图以呈现大致结构。经过一番涂鸦之后我获得一幅大概均衡呈现两个怪兽的画像，同时仍然重点凸显双方规模的巨大差异。这一阶段我的笔划宽泛而松散，力图以此来表达我意欲一直保持到最终作品中的能量。

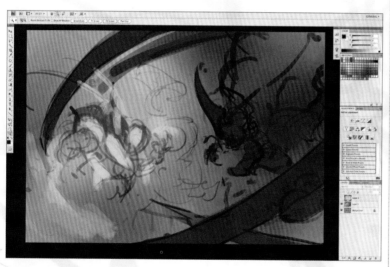

2 初期设色

关于如何设色的问题我早已成竹在胸，我要尽可能早地设色以确定是否运用得当。我将草图层变暗使之更易显现颜色，然后在线性光图层上绘制第一个通道。在此处使用的混合模式因图而异，但全部属于叠加模式，因为这样能使你利用正在使用的颜色强化光照与阴暗的效果。

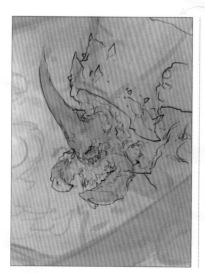

3 开始添加一些细节

一旦基础设色完成，我返回到图层上部再添加一些细节。由于在第一阶段所绘制的光明执政官和猛犸略图非常简单，因此，在我真正开始绘画之前，我还要对设计和图像的构成要素做一些取舍。首先，我添加了一个不透明度为80%左右的白色图层，使自己勉强看清绘画位置。然后开始用线描勾勒怪兽的细部特征。在这个初级阶段，我不用描绘太多的细节——我只是集中力量完成最主要的兴趣点，而把这一步放到创作即将结束时来做。

技法解密
历史橡皮擦

在使用橡皮擦工具的时候，长按Alt/选择可以将当前图层擦擦回到图像之前的样子——你可以在历史记录面板中设置创作过程中的任何还原点以便轻松清除最新操作。为了充分利用橡皮擦工具，你还可以将后退级别设置得很高，并将历史记录选择项设置为保存时自动创建新快照。

4 强化底层色

接下来，我删除非彩色图层并着手使用新的正常模式图层来润色下层的色彩，使之能够与线描画部分相匹配。尽管在这张图画中我不会绘制强烈的光照效果，但这时我也要开始考虑光线问题了。我想用普通"太阳光线"投射画作的大部分区域，同时光明执政官身上闪烁的活力四射的蓝光则为画作提供了又一处显著光源。

5 开始着色

现在开始的阶段是整幅图画中最耗时的部分——渲染。我首先在线条较密集的区域上面涂抹，力争不使高光亮度太大。在这一阶段我努力使怪兽的外形看起来合情合理。最好是先将这些做完，然后再添加更亮的反射光和照射光以确保能够相互协调。

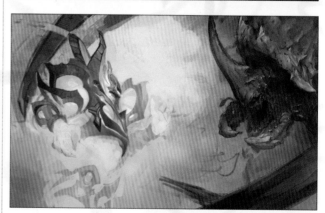

6 继续充实细节

在绘画中我通常极力避免过早的涂抹效果色彩，而是会考虑到，光明执政官是纯能量生物，在该阶段需要重视这些因素。对此，我采取了折中的办法，将他的部分盔甲渲染成被普通场景灯照射的样子，而其余部分则被自己发出的光线照射，同时能量云的光线则照射出盔甲的轮廓。

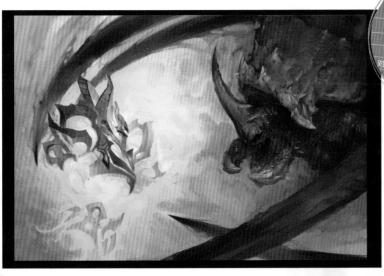

Shortcuts
【快捷方式】
合并拷贝
Shift+Ctrl+C (PC)
Shift+Ctrl+C (Mac)
对图像图层的某些区域进行分离、变换和调整而不造成损坏。

10 细节和光照效果的处理

现在该回头来完成猛犸的渲染并将所有图层予以合并了。在新建的正常模式图层上我加入了炫目的高光并完成了诸如眼睛、牙齿及一些巨齿獠牙的细节处理。另外我还添加了一些源自执政官身上离子风暴的不太明亮的蓝色光照，这有助于将猛犸的脸部和庞大躯壳的前部从背景中凸显出来。

7 设计背景

在开始处理图像效果前，我希望使画作更富整体感，于是我开始设计背景并使之融入图像。利用半透明画笔并巧妙地使用涂抹工具可以创造出动感，我粗略的画出光明执政官周围漩涡状的能量以及猛犸的钩状利爪。它们的组合就构成了图画中心的框架。

光盘

演示画笔介绍

PHOTOSHOP

自定义画笔：涂抹画笔

我使用该画笔绘制云团、光照和特效。这种柔性油画笔能够创造出美妙的油画风格，在创作背景和景物混合时，该画笔是绝佳的选择。

方形画笔

与常规的圆形画笔相比，这种画笔的角度抖动给你的绘画创造出更多的活力和纹理样式。在该图画的创作中我大多使用该画笔。

11 最后的特效处理

新建两个和之前的线性减淡图层属性相同的效果图层，并在上面绘出能量效果的其余部分：光明执政官的离子风暴的巨大闪电，他的盔甲伸出的巨大透明触须，以及掠过猛犸身躯的另一缕蓝色光线。此处再次使用深色图层非常重要，这样才能使以上特效不被冲淡。

8 赋予执政官能量

一旦执政官的盔甲和基础的云团光线都已创作到位，我就可以开始设计他周围的离子风暴了。为此，我建立新图层并设置为线性减淡，深蓝色外发光也设置为线性减淡，这样便可以描绘他盔甲上的能量束了。线性减淡图层可能变得非常刺眼，这当然要取决于它下面图层的颜色。于是我在本阶段全部使用深蓝色来避免光线发白。

9 增强执政官的能量

当所有的周围光线都已经按我的设计绘制完成，我便开始设计构成执政官的能量。这个怪物代表着神族离子技术的巅峰，所以能量是一个关键性特征。使用同一张图层，我绘出了他的前肢以及他的盔甲层外部和之间的电弧。这一阶段我还使用了设置为透明度极低的深蓝色渐变工具来提高人物周围的色彩饱和度。这有助于凸显执政官身上熠熠放光的超能产生的光线，因此他似乎真的要从整幅图像中一跃而出。

12 调整纹理和锐化

最为收官之笔，我在图像上面添加不透明度较低的叠加混凝土纹理以彰显颗粒感，并使用色阶调整图层。我将两者蒙在猛犸身上对比度需要加强的部分以求强化效果。最后一步是合并图像图层，并施加能够锐化图像边缘和细微之处的USM锐化。如果在绘画过程中使用了柔性画笔，这样做尤为重要。

Photoshop

创作动感
十足的概念画

艺术家简历

达里尔·曼德雷克
（Daryl Mandryk）

国籍：加拿大

达里尔从业于娱乐已长达11年之久，最初作为3D动画塑像师和贴图师，之后为概念画家。他曾服务的游戏客户包括EA。
www.mandrykart.com

光盘资料

你所需文件见光盘中的达里尔·曼德雷克文件夹。

达里尔·曼德雷克将为你展示在将游戏场景概念从草图变成图像的过程中如何激发无穷的想象。

作为从业于游戏产业概念画家，我其中一部分工作就是构思游戏中的每一个瞬间。这种创新经常给整个团队带来启迪，或者引发关于该游戏的争论。有时这些概念是大家的集思广益，但有时要求你必须独立思考并获得灵感。

在本次创作展示中，我要将一张快速的涂鸦逐渐变成一张完美的可以呈现给顾客的画作。我将带领大家准确地把握将一个概念充实为完美图画的每一个步骤。而且，随着演示的进展，我还要与大家分享概念形成、画作构图和图像着色的整个过程。你们也将看到我是如何为场景添加光照效果的，同时还能学会一种简单的方法使自己的画作呈现出照片的质感，而且还将领悟细节越多不一定越好的原因。

要跟上本次的创作演示，你无需是Photoshop的行家——事实上，在该演示中所形成的一些创作概念可以用于大家进行的任何设计项目。所以，请大家打开自己的软件，我们开始吧……

怪兽概念设计

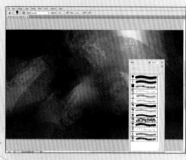

① 快速涂抹抽象图形

对于这张图像，我为它想象了一个瞬间场景。当我对于自己要创作的东西还没有具体的想法或轮廓时，我喜欢非常粗略地、几乎是非常抽象地进行涂抹。我试图仅仅通过使用几种不同纹理的画笔在画布上迅速画出点东西，边摸索边尝试透过迷雾有所发现。一旦我认为自己找到了某种成形的东西，我就知道应该进行下一步了。如果一无所获，我将按此方法继续摸索直至有所收获。在这一阶段要身心放松，终究会有灵光闪现的，但有时这个过程会稍微漫长一点。

③ 草图成品

现在我对图画的结构表示满意，无需对其进行重大改变了，所以我继续向草图大量涂色并快速为怪兽画出脸部。或许过后还要进行修改，但因为这是整幅图画的焦点所在，因此在此快速画些东西已确定画作的基调十分重要。目前我要保持画作的灰度——创作过程中尽早施以色彩会使创作程序简化，而且能帮你集中精力创作良好的构图。

⑤ 对图画整体进行处理

我倾向于对图画进行缩小并从整体上对其进行处理。首先选出需要关注的区域对其进一步强化，然后再转到下一处。这样使我不至于过度困扰于一处从而能够把握全局。我又加画另一个人物，他正在被怪兽无比巨大的拳头猛击。我的确非常希望表现拳头的冲击力并完美描绘这场战斗。所以我暗记在心，在后边的某个阶段要添加更多的粉尘和飞溅的砾石。

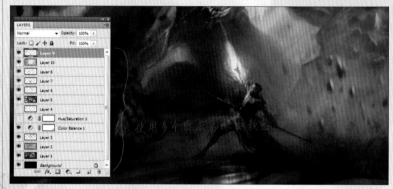

② 构图设计与概念成熟

我头脑中开始呈现出图像的面貌了，于是选择标准的粉笔式画笔对几处进行润色。我要画一个愤怒的怪兽向一支倒霉的探险队投掷废弃物。这可能是一个难题，探险队的位置太低不易呈现。不过，在创作之初，细节并不重要——我只要保证图画的整体外形和构图感觉良好并富有动感就可以，以后有足够的时间进行细节处理和润色加工。现在我只需要一个看似杂乱的草图即可。我非常乐于为稍后的创作奠定坚实的基础。

④ 第一次刷色

数码工具使得着色非常容易。在此，我使用颜色图层和叠加图层相结合的方式快速为图画赋予生机并确定基础色板。当然这并不一定是我想要的，但却是继续创作的坚实基础。颜色的处理非常棘手，我发现整个创作过程都是如此——我以处理图画其他部分同样的方式来解决颜色问题。

⑥ 使用强烈的光照效果

我努力使光照效果强烈而诱人。这通常意味着要从让人满意的角度对主体投射强光，并形成良好的阴影。我觉得没有必要对整个场景都使用光照效果——相反，我想使某些区域逐渐隐入黑暗或雾气中。因此我尝试以光照为工具来引导观众的目光并凸显画作的焦点部位。还有，光照也是描摹外形的最佳手段，所以如果某处感觉稍显平淡单调，那就向其投射一些光线帮助其从画面中凸显出来。

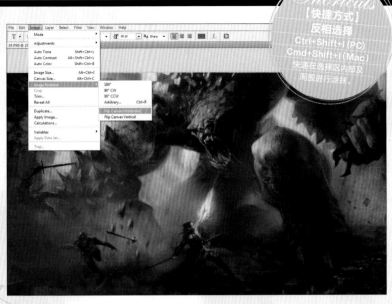

【快捷方式】
反相选择
Ctrl+Shift+I（PC）
Cmd+Shift+I（Mac）
快速在选择区内部及周围进行涂抹。

7 检查构图

我快速翻转图像（图像>编辑>水平翻转）以确定颠倒时它看起来是否正常。如果图像结构完美，当处于镜像或颠倒状态时它应该依旧无可挑剔。通常在创作时我要翻转画布数次，以全新的角度审视画面内容并检查其中的失误。我习惯于等到绘画完全结束时才做出最后的判断就此保存图像还是制作镜像，这的确没有什么规则可循，而我只是选择对我来说看来最自然的那项。

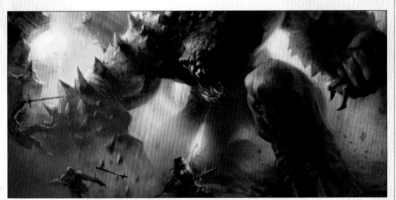

8 增加光线

我新建一个曲线调整图层将图像上的一切都稍微加亮。然后，我就用黑色来填充图层（图层蒙版）附近的盒子来隐藏图层内容。利用选中的柔性喷笔，我可以返回去在蒙版通道涂抹白色来显示加亮的图层。这是一个能够加亮作品中的某些区域而又不具破坏性的好技巧。这与其说是绘画技巧倒不如说是图像编辑技巧，但我信奉使用任何能创造出想要的作品的工具。试试吧。

9 添加大气层

我想创造点纵深感和规模效应，于是选择了硕大的滴状气笔轻轻地随机涂抹一些浓雾和大气。这一切要在新图层上进行，这样如果涂抹过多可以轻而易举地撤销。同时，这也是控制对比度的一种方式——添加一个雾气图层能使它下层颜料的明暗度更加接近，从而减少对比度并将大气层向后推到高空。利用该技巧，我可以选择并前推图像的部分区域，比如怪兽的膝盖。

10 创造特效

对于怪兽魔力的爆发我创造了一些特效。我绘出 2D 模型并使用自由转换工具（Ctrl+T）将其固定到需要的地方。然后，使用一些图层特效和叠加图层在其周围随意涂抹一番，使其呈现魔力四射的光辉。

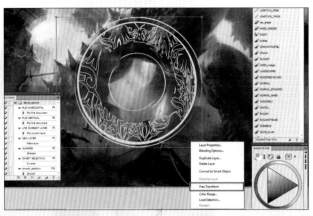

11 添加飞溅的砾石

我尝试在图像中添加因果效应的巨大能量。我希望观众能够感觉到怪兽挥拳所带来的冲击力，所以我涂抹了一些块状图形并为其添加动感模糊（滤镜>模糊>动感模糊）来创造出它们被向前抛洒的感觉。诸如此类的细小润色的确可以使你的画作顿生照片般逼真的质感。

技法解密

动作面板是你的最佳搭档

使用自定义动作能自动化完成很多耗时的任务。比如，如果你拥有一套喜欢用于具体任务的画笔，要设置其为一键加载。另一个很好的例子是为画布设置水平翻转动作，我一直是这样做的。当你发现同一个动作要重复于百次时，利用动作面板可以节约大量时间。

12 透视法绘制水坑

使用套索工具可快速选择画面区域并进行涂抹。这些地方便是地面水坑。它们有双重功能：一是使地面更加生动形象，且背景中更小水坑具有将图画的空间向后拉动的效果；二是帮助创造一种3D空间的感觉。

13 使用电子照片

我喜欢将一些电子照片的元素零星地运用于图像中。这些照片或是我自己拍摄或来自网络。它们可方便地给图像的某些区域添加细节，否则自己绘制将相当耗时。这些节约时间的小技巧在创作过程中非常重要。

14 绘制沙尘和光线

此时，我在画面中添加了更多的沙尘将图像的左下角全部填满，然后开始绘制从一侧射入的强光。此处我使用叠加图层来彰显光渗的效果。我设想光线由怪兽扬起的漫天飞舞的沙尘和砾石中透射进来，洒满整个场景。这里的平衡不好掌握——光线要充分弥散以显示大气的存在，同时又要足够明亮说明此时为白天。

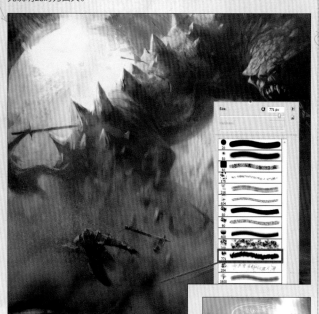

16 不要发挥过度

为图像添加细节的同时我不断提醒自己不要过度发挥。图画中的怪兽处于战斗状态，尽管它的位置靠近镜头，但是你能看到多少细节呢？如果我疯狂地将精灵法师的铠甲的每一个细节都描绘得淋漓尽致，那么画面将显得十分僵化和无趣。有时，你只需创造出某种印象，观众便可理解。

17 最后的冲刺

让我知道创作即将结束的是收益递减规律开始发挥作用。画笔的描摹变得越来越不重要，最终整幅画给人的感觉是如果再继续描绘就有画蛇添足之嫌。现在是将画作搁置一两天，过后再以全新的眼光审视它的大好时机。通常我希望发现一些想要修正的地方。

18 全新的视角

一天后，我对图像的焦点——怪物的面部和精灵法师——进行了最后的修整。这时不必再添加任何细节；相反，我要竭尽所能确保这些设计表现力极强而且彼此之间对照鲜明。当我对最后的修改感到满意，整幅画的创作也就宣告结束了。

15 润色图像

我开始觉得画面各要素已经齐备而且彼此搭配合理。现在的主要工作是要对画面进行润色并对设计理念进一步发挥。于是我便为小精灵的盔甲添加一些细部特征并开始考虑如何润色我的设计。该着手处理图像的细微之处了——但同时我不断地缩小图像进行观察以确保图画各要素搭配合理。

全球顶级数码绘画名家技法丛书

游戏设计 漫画设计 奇幻角色 人体结构

揭示全球顶尖艺术大师的精湛绘画技法，启发你的无限创作灵感！

全彩图解式案例讲解，为你全方位呈现全球经典名家作品的创作过程！

跟随顶尖艺术大师的步伐，掌握惊艳全球的传统与数字绘画的表现技法！

环境设计

掌握最佳图画的构图规则

创作
演示文件
见光盘

> ❝了解真实世界的环境面貌有助
> 于创作出更好的环境图画。❞

荣格・帕克（Jung Park），第74页

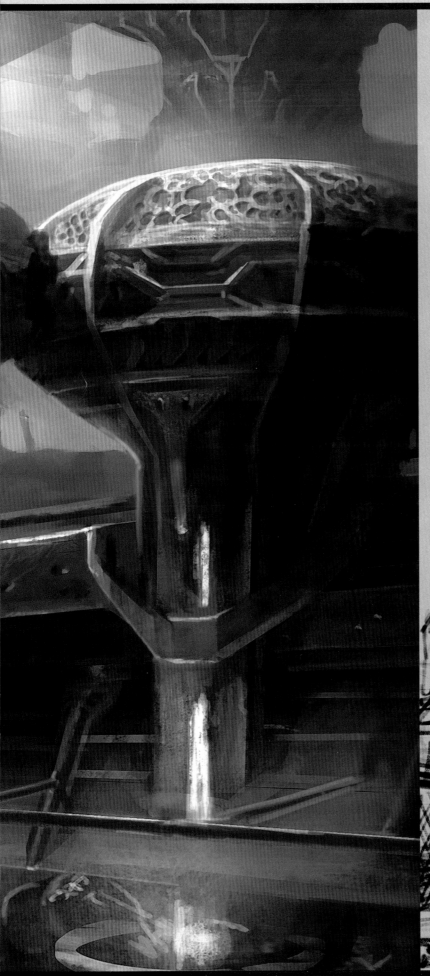

荣格·帕克

这位曾参与《战神3》、《星际战鹰》和《激战2》创作的获奖概念画家荣格将展示如何为游戏玩法的设计者创造独具特色的游戏环境。

创建一个令人兴奋的、逼真的游戏场景。
请翻阅第74页

创作演示

新颖独特的游戏世界的绘画技法

学习如何创建有趣的游戏世界，第82页

Photoshop & SketchUp

设计逼真的游戏场景

依据罗伯哈·鲁普尔在创作丰富多彩而又细致入微的场景时所展示的专家指导，你将能使一条大街变成扣人心弦的游戏场所。

Artist
艺术家简历
罗伯哈·鲁普尔
（Robh Ruppel）
国籍：美国

罗伯哈为电影、游戏、主题公园和印刷行业进行绘画设计。他的客户包括Naughty Dog游戏开发工作室等。
www.robhruppel.com

光盘资料

你所需文件见光盘中的罗伯哈·鲁普尔文件夹。

认为概念设计就是设计一些幻想的不切实际的问题的解决方案，而且认为任何问题都是可以解决的，这是对概念设计的普遍误解。概念设计不能脱离现实太远，因为大多数设计都有某种限制因素。

《神秘海域3：德雷克的诡计》就是一款现实主义游戏，其中的大部分场景都是以真实地点为基础设计而成的。在开始创作游戏细节之前我们做了大量的研究。我们这个场景以也门为基础，在该场景中，玩家要跑步穿越大桥但不能摔倒。设计师添加长长的栏杆为标记，使游戏玩法仅限于桥上，但没有绘出任何细节——这是我们画家的工作。设计师调整游戏过程，我们则设法使其妙趣横生。该简单示范叫做块结构网格，我们的大量工作就是要使这些细节看起来鲜活生动、目标明确、真实可信。

在本次演示指导中，我将向大家展示如何设计游戏场景。我首先创作粗略的构图布局，然后添加一些纹理和背景细节，之后用光线和背景来美化图像。在此过程中，你将看到如何通过添加细节使场景变得栩栩如生，并使该场所显得更加生机勃勃、人烟稠密。

① 创作草图

在开始绘制之前，创作游戏场景的第一步是要快速制作色彩略图。这能使我对最终图像所要求的氛围、色彩、时辰和色调做到胸有成竹。这也意味着我不必很长时间漫无目的地为图像苦苦研究寻找恰当的面貌。既然颜色略图已经完成，之后所做的一切都将目标明确。

② 勾勒纹理

现在开始粗略地勾勒一些纹理，但它们仍需修改：需要添加、删除或重绘细节。创作平面图有助于加快进度，利用一系列的转换工具使它们"被加贴"——主要是自由转换、透视和扭曲。没有任何照片纹理是完全精确的，因此一旦它们"被加贴"，景深就需要重新调整。

③ 添加更多纹理

此处你们可以看到左侧大楼底部纹理的第一个通道，我在图像的右边也添加了一些。除了辛苦地添加并调整直至获得你想要的效果之外没有别的捷径可寻。因此要有足够耐心，因为你的辛苦终将获得回报。   ➤➤

4 添加栅栏

对于锻铁打造的栅栏我的设计方案是：装饰豪华但顶部尖锐使玩家无法逾越。首先我进行平面设计，一段栅栏创作完成之后进行复制并添加直至获得足够长度的铁栅栏，接下来使用自由转换功能来确定场景的视角。大家还可看到右侧楼梯的起点。此处色调至关重要，如果这段楼梯的色调感觉逼真，稍后的细节添加将使它们更具真实感。

技法解密
用网格作画

创作过程中要不断根据你的网格来检查你的透视图。事物的完整性和可信度来自于彼此之间的和谐搭配，而这又依赖于你的网格所确定的消失点所构成的形状。记住，这将影响到从墙体厚度到墙体纹理的一切要素。

5 环境阻光通道

接下来我为楼房再添加一些细节特征并绘出水管、横梁和支柱。这些东西多数是由画笔绘制，我要给它们添加一些光线和阴影。然后绘制环境阻光通道。阻光是指当两个物体表面相接，双方之间的光线反射越来越弱时所发生渐渐变暗的现象。我用喷笔在单独的正片叠底模式图层上简单涂抹以获得该效果。

7 使场景灯光明亮

现在我可以打开之前添加的吊灯了。设置为颜色减淡的径向渐变能够创造出优美的灯光效果并增强整个场景的气氛。一旦吊灯被点亮就会光芒四射，所以我需要为下边的人行道添加灯光效果。这一切可在设置为屏幕模式的喷笔图层上完成。

8 创作汽车

我想创作一辆老式的欧洲型号的汽车，于是我使用Google图书馆查找车辆并在SketchUp中进行简单修改获得最佳透视效果。所有的倒影和细节的添加将在稍后完成。绘制楼梯需要精确仔细，所以楼梯绘制和透视效果是接下来我要关注的。我使用路径通过透视法创作并确定所有楼梯的密度以便准确地进行布局。

9 将图像平面化

继续给楼梯添加更多细节，这时整个文件已经超过1G。我对创作过程深感满意，于是我将其制作成平面图并重新命名，接着继续添加更多的色阶。将所有东西画成平面图的一个不利因素是当你将其置于透视中时，景深消失了。我又返回来为路面的鹅卵石及其边缘增加了厚度。这些额外的步骤使整幅图像充满真实感。

10 场景修饰

到目前为止图像只是一些平面图形和纹理而已——它需要生机！通常程序是首先在平面图形中作画，再添加造型和纹理等等。最后再绘制一些经常在真实场合看到的钉子、箱子等其他物品。

11 添加更多细节

所有简单几何图形都已经真实而完整地被我牢记在心后，我便着手为路面上的物体添加光照和细节。当然这一切都是不太精确地象征性描绘，但给人的错觉是路面上的东西好像远不止这些。

6 吊灯的绘制

以上部分完成后我就可以着手添加位于图像左右两侧大楼之间成串的吊灯了。我要添加很多吊灯，因此现在还不能画得错综复杂，电线由画笔勾勒，我绘制一个灯泡然后不断复制，这样可使整个过程简单易行，接着花些时间将它们准确地安放到场景中。在这一阶段我还要考虑图画整体布局的其他方面，并在汽车稍后驶过的地方的前景中添加一些阴影。

14 添加光照效果

此时的路灯在光照效果的作用下已经融入了整体场景中，它为图画增添了精美的造型。在此我特别注意保证视图的逼真效果，因此在此过程中我要从观众的角度来考虑问题。我使用转换变形使电灯稍显椭圆，使它看起来好像在我们的视线上方。

17 手绘

现在要为图像添加一伙站在街道上的人群和地面上的光照效果。大量的手工绘制使人物和场景结合非常完美。值得注意的是，任何参照物都不是完美无缺的——优秀的画家会不遗余力地处理细节问题。

12 绘制道路的磨损

我继续进行场景的修饰，这有助于使环境看起来更像居住区——因此也更具真实感。你可以看到路面上有些纸屑和别的垃圾，我还要为马路添加一些隐约可见的磨损痕迹。这一切要手工绘制。

13 路灯的处理

现在开始添加路灯，程序和之前相同。首先设计路灯平面图，确定基本色值，然后将其加贴进透视图，继而添加造型、光照等等。还有一些场景修饰要处理——左侧店铺的电缆。对于电缆线我使用了同样的步骤进行处理。

15 汽车的处理

现在该使汽车就位了。首先添加倒影——由于在艺术学院画过很多汽车，因此这个很容易模仿。还要使车体两边的颜色变暗并增加光源照射时汽车的倒影。然后，以我的网格为基础使透视图稍加位移，最终使汽车经过稍微改动后恰当地嵌入整个场景的视图中。

18 配置人物

接下来，我在前景中再增加一个人物。我使所有人都向画内观望——他们的作用是充实画面和烘托气氛，而且这样也可以防止观众关注他们的存在。这主要是一种对环境因素的考量。另外，这儿存在一种不易察觉的但我必须要遵从的三点透视。宽宽的笔划突出了它而细节的描绘又强化了它。两者你都需要！

16 添加远处的细节

纠正了红色遮篷的透视效果并开始添加远处的细节，如广告、海报和行人。所有这些都使得整个场景变得栩栩如生。这些东西都不能臆造或随意绘制，因为那样的话会降低画面的真实感。很多画家在处理这样的地方时不遵守这个原则，结果最终作品看起来构思极差或给人半途而废的感觉。我继续添加远处的路灯，同时确保它们逐渐消失在远方但保持和前景处的路灯同样高度。

Shortcuts
【快捷方式】
找到图层
V, Ctrl-click (PC)
V, Cmd-click (Mac)
在移动模式中，Ctrl/Cmd加单击任何东西，能够即刻找到图层。

19 最终的图像

当我完成对环境和前景人物的最后几处润色后，我的图像创作宣告结束。这是显示网格的最终图像，你们可以看清网格和整幅图像结构之间的关联。完整性和可信度由于各要素之间的协调统一而无懈可击，所以务必保证创作时的透视准确无误。

Photoshop

创建游戏场景

荣格·帕克 的专家指导意见将确保你的概念画真正
使你所设计游戏的背景深受欢迎。

艺术家简历

荣格·帕克
（Jung Park）

国籍：美国

韩国出生的荣格
已经在包括《激
战》和《战神
3》等一系列游
戏中担任高级
概念画家长达8年。
www.jpconceptart.com

光盘资料

你所需文件见光盘中的
荣格·帕克文件夹。

我 在Sony公司日常工作的一部分就
是为电子游戏设计环境画面。将
我的概念呈现给外来客户或Sony
内部的艺术总监并非总是轻而易举，但是最
先提出新颖奇特的设计或创作出耳目一新、
独一无二的画面却容易成为整个游戏创作过
程中最具挑战性的部分。没有什么能比面对
一张空白画布更令人生畏的。

我相信任何成功的概念设计都始于想象的抽
象图形。我通常在画布上用大笔到处涂鸦一
番，来绘出环境的外形，但不能偏离客户设
计纲要太远。涂抹抽象外形能帮你创作出多

种多样的概念画，而对图像构思太过细致反
而使你的进度变得缓慢，而且使你的画作显
得僵化乏味。我想人物画的创作也是如此，
你要勾勒各种轮廓以启发各种有趣的形状，
只是简单的增减明暗度就能使你创造出景深
的错觉。

我的灵感来自于观察照片和观看电影以及研究
有机体，了解现实世界的景物状况有利于我们
创作出更漂亮的环境画面，在该演示中，我将
使用不同的Photoshop画笔和光照效果来辅助创
作过程以限定图像结构的空间和风格。➡

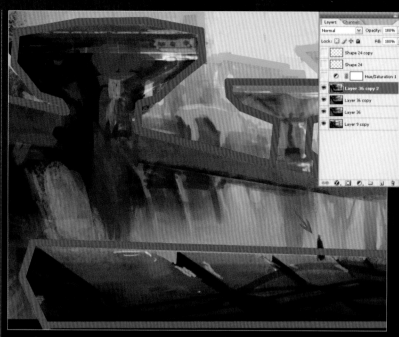

① 涂抹抽象图形

在不放弃自己对图像的基本概念的前提下，我使用大纹理画笔在画布上尝试着涂抹一些抽象的图形。纹理画笔可以将画布巨大的空白平面空间分而治之，我使用五六支不同的画笔来添加一些可见杂色。这一步使我对创作有了初步感觉。在这一阶段，草图的尺寸要小，这一点很重要。我很少放大图像，相反，我喜欢从整体上来观察图形并集中精力创作大量的对比。

③ 着色

我开始为黑白两色的草图添加一些颜色，我觉得一个能够表现金属材料颜色和锈迹斑斑的青铜材料颜色的色板更适用于我要创作的蒸汽朋克工厂的环境。我还引入了一个人的身影来显示建筑物的规模。如你所见，我已经在图层上完成了背景、中景和前景成分的描绘，在绘画时我将这些方面分开完成，因为这样更容易看清图像的景深。

② 绘制草图

在勾勒了一些抽象图形后，我开始粗略地绘制场景。我最喜欢的魔幻背景是蒸汽朋克，而且我渴望根据这个题材来创作点东西，所以我决定描绘一座火山熔岩加工厂的外观。我对自己现有的草图相当满意，因为我早已画好各种各样的大中小型图形。当你们要开始创作图画时很可能也非常希望拥有一些大小各异的图形来把自己的环境创作的生动有趣。我对这些图形的布局非常满意。有时候这些图形还会决定图画面貌的大小，但在这一阶段我不会锁定于这一设计。与停滞于目前的设计相反的是，我要继续尝试画面的描绘直至获得能进一步发挥的草图。

④ 加强画作的基调

现在图画所呈现的颜色本质上讲还是单色，所以我想为其引入一些工厂底下投射过来的暖色。这是一座处理炙热火红的熔岩材料的工业建筑，所以我主要采用黄色、橙色以及金属般阴影。这些东西加强了画作的基调并使它获得了显著风格。在此，我已将网格叠加到我的图画之上以保证透视准确无误。缺乏现实感会严重损害画作的意蕴。如果我现在不将透视效果进行检查，那以后就必须浪费时间予以纠正。

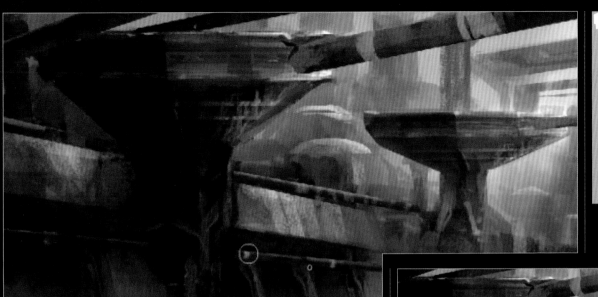

技法解密
改变你的图形

在任何环境绘画中使用大中小各尺寸及细节描绘准确到位的图形至关重要。你在现实世界中看到的任何设计——无论是电脑、电话、打印机甚至房子，都是用这些图形进行设计的。如果在你的图像中运用太多相似的图形，你的作品将显得非常乏味甚至形似卡通漫画。

5 绘制管道细节

很多现代化工业建筑都以管道密布为典型特征，所以我开始为工厂的外部环境添加一些管道使图像更显真实。以前我已经注意到工业建筑大多由巨大构件建造而成——小部件明显缺乏，而管道的添加填补了这个空白。我不断翻动图像查看失误以确保良好的构图平衡。

7 涉足焦点的处理

我注意到这幅图像没有焦点。所谓焦点就是需要对比度更强的区域，同时也是我希望观众首先看到的那个部位。焦点必须非常吸引眼球，非常耐人寻味。于是我给穿顶机器中滴下的火山熔岩添加耀眼的光亮。我可以借此传递一个信息：这个位置是熔岩加工区。能够感觉出何时该用何种不同的画笔永远非常重要，那样的话，你对画笔的运用就游刃有余了。这儿，我使用了软云烟画笔来创造熔岩的烟雾。

6 为图形制作蒙版

在创作时为各种图形制作蒙版非常重要，因为这样可以节约时间，同时有助于创造干净柔和的图形边缘。这是大家应该养成的好习惯。或许你认为这道工序耗时太长，无聊至极，但事实上这样做会为你以后各阶段节约大量时间。

8 变形工具

打开透视网格能帮助我找到错误之处。收割机上的椭圆构件似乎离得有点远——我想让它对比度更强。于是我使用扭曲工具来予以矫正（编辑>变换>变形）。这是Photoshop中最有用的工具之一。

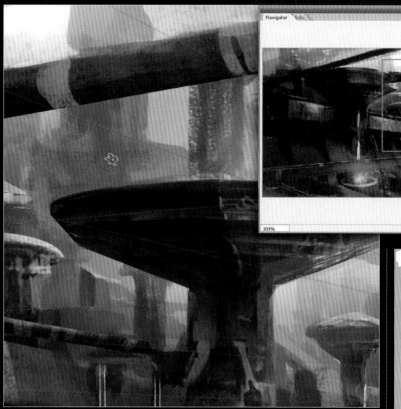

技法解密

检查图像明暗度

建立新的色相/饱和度调整图层，并将其置于你的图层之上进行明暗度常规检查——明暗度是创作真实可信的环境的关键因素。只要你的作品明暗度恰到好处，你就能创造出令人称奇的视觉效果——不管你的色彩多么糟糕！我总是告诫我的学生要注重检查图像明暗度。

9 检查导航面板

一旦我对自己的进度表示满意，便开始将图像放大并为我想进一步处理的所有区域添加细节。这一阶段，打开导航面板很重要。否则，你可能对某些区域处理过当而打破画面的平衡。即使是绘制一些细枝末节的东西，也要做到顾全大局。另外，我还要保持绘图区域的明暗度不变，否则将使整体明暗结构发生紊乱。

11 变亮模式图层

我希望在背景中多添加一些滴落的熔岩，所以我复制图像并将其缩小。之后，我选择图层的变亮模式来为其背景添加杂色，这比重新绘制一股股熔岩流要节省很多时间。当你想要凸显某些光亮区域时这种创作技法可助你一臂之力。

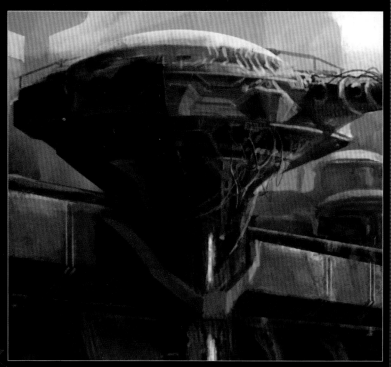

10 添加来自现实世界的细节

现在我意识到图像中棱角分明的硬边图形太多，于是我添加一些诸如电线、螺栓和围篱之类的东西作为装饰。这些装饰物会使我的画作生机盎然。在添加这些装饰物的同时，我仍然试图保持图像的焦点不变，并使其他区域弥散在整体环境中。

12 使图像更富动感

在开始创作本图像时，它只有两点透视效果。我觉得这样的图像动感不足，于是我利用扭曲工具将整幅图像变形成为三点透视（编辑>变换>扭曲）。这样便产生了更具活力的相机效果，现在，观看者本人就能有身临其境的感觉，并仰视工厂全貌。

Shortcuts
【快捷方式】
曲线对话框
Ctrl+M (PC) Cmd+M (Mac)
当你要改变图像的亮度和对比
度时,该快捷方式可以实现
快速屏显曲线对话框。

13 绘制光束

现在我依然感觉图像的环境部分太过昏暗,因此我决定为其引入另一处光源。我用柔性画笔绘制了五个点,然后将其变形并使其看似垂直光束,以创作来自天空的光线。此处我又一次将图层设置为变亮模式并擦除光线无法达到的部分。这样图画看起来更加自然逼真。通过这种方式我可以在收割机上方添加几处漂亮的高光,这使的整个图像的空间和面貌焕然一新。

15 接近尾声

为了使整座建筑看起来更加气势宏伟并降低其空旷感,我在工厂地面之上的高空添加了几座高架桥。尽管是在最后阶段才添加的,但我仍然试图利用适合于该区域的明暗度将其画得若隐若现。在我的创作即将结束之时,我发现图像轮廓过于清晰,杂色太多。于是我使用滤镜的特殊模糊工具柔化部分物体边缘,同时还擦除了部分需要边缘更加干净整齐的区域。

14 使用选框工具

之前我已经提到了绘画中硬边和软边的重要性。因为收割机是我的主要焦点之一,我希望它穹顶上部的边缘显得更加棱角分明。于是,我选择了椭圆形选框工具并将其准确置于想要修改的区域,然后进行干净整洁地涂抹并添加了一些高光。

16 大功告成!

经过8小时的艰苦努力,我对图像的最终效果十分满意。既然我已经画完了工厂的一部分区域,我便能利用不同的视点对该工厂的空间进行更多的设计。比如,创作从工厂上部的俯视图将囊括工厂周边的田地,那将创造出一幅截然不同的图画,但这副图画仍然忠实于创作一个熔岩加工厂的原始概念。

构图考量
这是我创作一片轮船墓地的第一步。我经常从二维抽象画的角度来考虑游戏环境，这样有助于解决构图的容量、色彩和平衡，但不涉及图画的细部特征。负空间和正空间同样重要。我小心翼翼地将各个图形叠加而使整个场景不至于显得凌乱不堪。

自然光可以造就对比度，这使我能够在某些区域放置阴影，在必要之处吸引观看者的注意力。

Photoshop

创造风格独特的视觉效果

Artist
艺术家简历
斯蒂芬·马蒂尼尔
(Stephan Martiniere)
国籍：美国

斯蒂芬担任Id Software游戏开发公司最新一款游戏《狂怒》的艺术总监。
www.martiniere.com

光盘资料

你所需文件见光盘中的斯蒂芬·马蒂尼尔文件夹。

斯蒂芬·马蒂尼尔 向我们透露了激发出《狂怒》中匠心独具的概念画的几个重大元素。

在《狂怒》的后半部分，我希望引入点视觉上不同寻常的东西。随着游戏情节紧张度的加剧，我渴望使游戏环境能够反映这种紧张度并给玩家带来危机四伏之感。前期游戏中晴朗蔚蓝的天空慢慢发生了变化，开始乌云密布，给人以不祥之兆，而沙地颜色也由米黄色变成了红色。我还希望使游戏场景的视野更加开阔并引入一些别的游戏世界中未曾使用的元素，同时要强化游戏中世界末日后的氛围。我的创意始于想象中海床的干涸、海岸线的毁灭和船坞的废弃。一片轮船墓地似乎是个不错的创意：大批掩埋在黄沙之下的货船残骸将替代峡谷崖壁，给玩家带来一种全新的视觉体验。这张特别的绘图是首次引进并尝试通过如氛围、光线、纹理和细节等视觉语言来限定《狂怒》的第二部分。这幅图画同时也是对故事叙事方式的探索，我开始考虑游戏的视觉效果和玩法之间错综复杂的联系，这样一来，视觉语言不仅可用于美学，同时也可用于表达一种更为广泛和弥漫的沉浸感。

自然光

自然光

视觉流

在《狂怒》中，你可以走、跑、战斗或射击，你还可以驾车，所以创建能使玩家快速理解并驾御游戏环境的图像结构非常重要。另外我还使用了多种船体碎片来创造视觉上多元化的物体大小和外形。这使得该游戏区域显得自然而诱人。

研究与参考图片

创作的第一步是要做些研究。我花几天时间搜集可供参考的轮船与沙漠的图片，以及其他一切与我想象的场景相关的东西。我从不想当然地去做任何事情。尽管网络或刊物有一些精美绝伦的图片可供参考，但我一直在寻找那些使我耳目一新并激发灵感的东西——对玩家也是如此！

如此创作

金属大峡谷

1 警示牌

涂鸦和标牌是《狂怒》场景中的重要组成部分：它们是遍布该地的许多匪帮的领地标志。从游戏玩法的角度来看，它们可以给玩家提供线索或警示，但同时也给场景的单一色调添加了一些色彩特征。

2 车辆活动

其他细节比如轮胎印迹也是指引玩家前进方向的很好的视觉线索，同时也意味着人类活动的存在。另外一些细节如油污或垃圾则充实了场景内容并增强了游戏的真实感和故事性。

3 限定规模

我总是用一个人物或一个可识别元素来确定场景的规模。有时场景非常复杂，或许就需要几个元素。

Photoshop
构思游戏世界

乔·萨纳夫里亚解释说，速绘对于给游戏创作团队指明方向来说极其重要。

创 作一部如《辐射：新维加斯》那样的现实版游戏会对创作者提出一些奇怪的要求。作为艺术总监，我的职责是为创作团队指明方向，决定游戏的最终面貌并以此作为大家共同奋斗的目标。在游戏的创作过程中，依靠源自于如Flickr，杂志和DVD等多种资源的视觉参考来表达思想的做法非常普遍。

然而，有时需要更直接的图片来传达正确信息，这样，快速创作概念画对于确保整个团队的正确方向来说通常会有奇效。在本创作展示中，我将详细介绍《辐射：新维加斯》中Strip主入口处的概念画创作程序。还要展示创造玩家在游戏过程中看得见的布景的重要性。这对于使整个创作团队能亲眼目睹、亲身体会游戏的最终玩法来说很有用处。

艺术家简历

乔·萨纳夫里亚
（Joe Sanabria）

国籍：美国

乔是一位从业于电子游戏长达15年的经验非常丰富的画家。在放弃大学物理学专业后，他移居南加州专注绘画创作。目前乔担任Obsidian Entertainment的艺术总监，忙于《辐射：新维加斯》的创作。

Joesanabria.blogspot.com

光盘资料

你所需文件见光盘中的乔·萨纳夫里亚文件夹。

---

1 以玩家的视角来设计

创作的第一步是绘制草图，为了接近真实的游戏场景，我使用1080像素的四分之一大小创作了一张新图画。我的目标是从玩家的视角来构思关口，鉴于时间限制，我需要集中描绘关键部位而非繁琐的细节。

2 构建布景

我依据传统的三分构图法将焦点置于图画右上角的四分之一处。在初期我要考虑如何生动有趣而又引人注目地来勾勒标示牌的轮廓。在快速、粗略地将我的构思绘制成图时，我极力避免在细节问题上过度纠结而耗费创作时间。

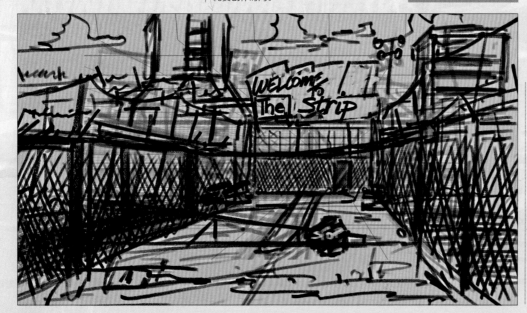

3 透视效果处理

一旦我对草图的初级布局及构成要素表示满意，我便建立新的图层，然后选择渐变工具并使用一个默认设置来绘制光线渐变以确定地平线的位置。另外，我铺设彩色涂层来制作适合于游戏布景的色板。这时，我在单独图层上绘制透视网格，并将其设置为低不透明度的正片叠加混合模式。现在我利用网格作为导引来使整幅图画保持结构合理布局得当并开始作画，真正的乐趣出现了。

4 添加纹理

多年以来，我发现预设工具对于为概念画添加纹理和细节来说非常方便，是在图层中使用叠加照片的现实替代品。创作展示中有大量的预置工具可供使用，它们也可以在网上找到。当然，自己花点功夫来制作同样也很容易。对于本演示我首先利用数码照片，在该案例中表现为一块混凝土上的油漆点。

Shortcuts
【快捷方式】
快速变换
Ctrl+T (PC) Cmd+T (Mac)
变换对话框出现后长按Ctrl/Cmd，并拖拽图像拐角。

⑤ 设定源图像

我将图像颠倒并在通道面板中选择最高对比度通道，之后全部选定、建立新图层、涂抹通道选项，将新建图层的叠加设置为混合模式，最后将两个图层合并。现在我删除颜色并将其转换为灰度：单击图像>调整>色相/饱和度（Ctrl+U），将饱和度降至最低。为给它增加一些凸显效果，我将USM锐化进行如下设置：数量127，半径1.0，阈值2，并用来锐化细节。

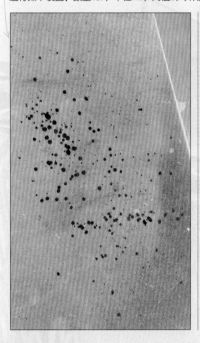

⑥ 理顺纹理

为清除背景中的其他杂色，我单击选择>色彩范围快速创建选区，然后选择吸管工具并单击油漆点。将模糊性设置为足够显示细节但不显示无用的混凝土纹理。

技法解密
使用预设

工具预设是Photoshop中许多的暗藏宝藏之一。通过使用预设，画笔工具能够进行更加复杂的操作：缩放比例、双重画笔、散布设置等等。比如，人造机理在创作纹理或细节时表现极佳，如果使用得当还能使你快速涂抹细节，而无需在很多笔划上擦来擦去。

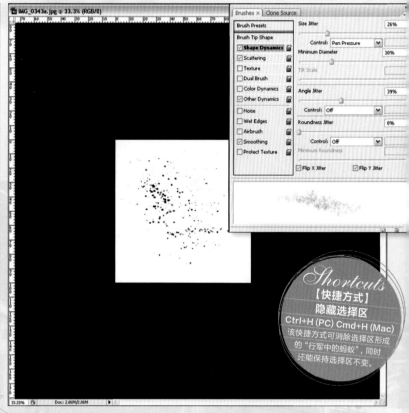

Shortcuts
【快捷方式】
隐藏选择区
Ctrl+H (PC) Cmd+H (Mac)
该快捷方式可消除选择区形成的"行军中的蚂蚁"，同时还能保持选择区不变。

⑦ 创建画笔

我将选区翻转并填充白色，然后用基本画笔清除所有坏点。之后，单击图像>调整>色阶以微调对比度并直至出现高浓度黑色。此时的图像很大，所以我要将画布设置为1000x1000像素，然后全选>编辑>定义画笔预设并命名。新画笔立即出现在画笔面板，随时可用。

⑧ 调整背景

现在我要创建一个1920x1080像素的新文件来测试新画笔，并进行各种设置直至效果令人满意。我希望获得能够创造新颖的图案和纹理并能使我的创作更加快捷和随便的区域设置。最终我获得了此处所展示的效果。另外，在散布菜单设置散布为30%，数量为2，其他动态的不透明度和流量抖动设置为钢笔压力。

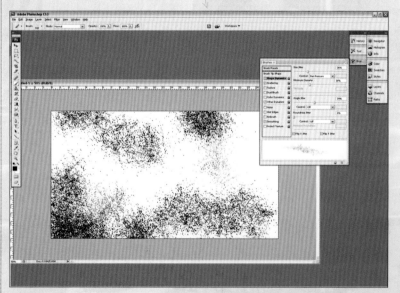

⑨ 执行画笔管理

我将画笔保存为工具预设，然后在面板菜单选择新工具预设并命名。当你创建其他工具预设或者对其保存时，最好是对它们加以整理，暂时删除那些碍事的工具。这样可保持你的工作区干净整洁，使你能够集中精力进行创作。

10 绘制大图形

利用几种不同的画笔工具预设，我创建新图层并开始进行涂抹，同时使用方括号-[和]-来更改画笔尺寸以改变纹理样式。然后选择整个图层，打开变换工具（Ctrl+T），右击变换包围盒。在下拉菜单中我选择扭曲，利用网格获得恰当透视，然后尝试不同混合模式和不透明度设置直至获得满意的效果。该程序反复重复直到所有的大图形全部绘制完成。

11 处理图像细节

既然所有重大图形都已设置无误——明暗度、边缘、颜色等等——我开始将大图形进行拆分成小块，接着首先处理最大的细节，依次类推直至最小的。我调整透视网格的不透明度使其更加明显以便加强图像对比度，只有这样它才能更清晰可辨。在此过程中，我不断地放大缩小以保证图像中的主要成分不被杂色所遮蔽，而且图像依旧保持清晰。

12 设置光照效果

在为图像添加细节的同时，还要为其确定光线方向，并开始设置明暗度，这样能为布景创造景深并帮助在空间上将不同元素分开，通常我发现这样做很有好处。

13 管理图层

喝了几口咖啡，片刻之后，图层开始越来越多。尽管将所有构图元素置于一个单独图层能给我带来很多方便，但同时也较难管理。于是我使用一个几乎不为人所知的快捷方式：按下V切换至移动工具，然后按Ctrl并单击要编辑的区域——Photoshop将自动切换到像素图层。这使我省却了给图层命名并分组的麻烦，这样我便能全心关注工作区并使创作过程保持顺畅。

技法解密
图像焦点

无论何时只要可能，请尽量使用场景中的其他元素来吸引观众进入画面并利用这些元素帮助构建稳固而全面的图像结构。

14 翻转画布

在我充实细节时，我不断地垂直或水平翻转画布以发现问题或错误，以便于能够及早予以纠正。翻转图像也是观察你的作品的极好方式：翻转可以给你全新的视角，并迫使你以不同于初始草图的眼光来看待它。

15 最后冲刺

在我的创作过程由关注最大细节逐渐转向关注最小细节的过程中，我通常会不断对其放大或缩小。到达回报递减节点时，我决定创作到此结束。现在我准备再添加几笔予以收尾。我对一些背景和前景中的图层实施锐化，而对另一些实施柔化，以创造图像的景深和焦点。对对比度和色彩进行一些全面调整后，图像创作大功告成。此时，我感觉自己的概念设计充分表达了游戏装备的预期面貌以及它们与游戏环境之间的联系。现在我可以和我的概念挥手告别了，因为它已经非常令人满意地实现了预期目标。现在它只等环境画家将其从二维变为三维并最终将其搬进电子游戏了。

造型设计

学习概念画的各个组成要素，掌握如何
相互匹配构成统一设计方案的技巧

创作
演示文件
见光盘

> 岛民已经大祸临头，现在该是他们惟一的希望内特·麦克里迪（Nate McCready）挺身而出拯救这个时代的时候了。

马特 · 奥尔索普（Matt Allsopp），第100页

马特·奥尔索普

作为自由职业概念画家，马特·奥尔索普创作了《神鬼寓言3》和《杀戮地带2》等知名游戏。在此，他向自己的概念设计中注入新思想以展示如何为一款新电子游戏设计推广方案。

汇集你所有的设计图来呈现电子游戏的场景。
请翻阅第100页

创作演示
整合游戏设计方案

设计一个独特的环境，第92页

Photoshop

四期创作演示之（一）

设计游戏中的主角

克里斯蒂安·布雷弗里 将带你从游戏中的英雄开始入手，了解他对一部预期的电子游戏的构思过程和概念设计。

Artist 艺术家简历

克里斯蒂安·布雷弗里
（Christian Bravery）

国籍：英国

克里斯蒂安经营着一家为电游和娱乐产业提供人物与环境概念设计的绘画与设计公司Leading Light。
www.leadinglight
design.com

光盘资料

你所需文件见光盘中的克里斯蒂安·布雷弗里文件夹。

对于"概念画"这个术语有太多的讨论和太多的夸张之辞，致使它几乎成了陈词滥调。在这次共分四部分的专题演示中，我将试图为崭露头角的画家们揭开概念画创作的神秘面纱。

事实上，早在幻想FX的第40期，我就设计过一款名为黄蜂直升机的未来主义的飞行器（见光盘内我的创作演示文件夹）。在本期当中，我将设计黄蜂直升机的飞行员，他也是我们游戏的英雄角色——鉴于此，他便是一个必须设计准确的重要人物。

首先我必须遵照适合于该演示系列目的的虚构创作纲要，而该演示系列同时也反映了Leading Light公司的创作团队通常所依据的商业宣传纲要。这就意味着我可以使大家充分领悟电子游戏产品设计的各阶段的真谛，而不是简单地费尽心机创作一幅缺乏相关情境即游戏大背景的漂亮画作。

一旦团队拿到创作纲要，第一件事就是要设计与构思游戏故事的所有关键要素。在本次指导课的四期演示中我将对这些要素进行拓展，因此你们有望看到我设计创作的主要飞行员、一个村落以及它所在的热带群岛的位置，还有游戏中的敌方——对村庄发起攻击

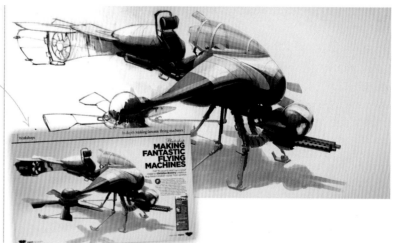

的怪异而巨大的昆虫。而我最终的任务是要创作一幅关键时刻的造型插图，它要将所有要素融为一体，描绘我们的英雄和入侵者之间的战斗。

每期幻想FX月刊上都会发表很多优秀的创作展示，而且多数都详述绘画过程与收尾技巧。为了不落窠臼，我想努力使大家洞悉我的构思过程，以及一些人物设计的前期准备性技巧。那么，开始吧！

展示创作纲要

这份产品的设计纲要是为一部发生在不远的将来的科幻探险游戏而设定的。部分故事情节会将玩家带到一个与世隔绝的热带群岛。该场景的展开始于我们的英雄正在小憩的一个小渔村。猛然间，整个村落突降连连怪事，最终被大量怪异而巨大的昆虫入侵，他们要不惜一切代价将这个村庄吞噬。我们的英雄被迫投入战斗拯救这个村庄。背面便是客户提供的最初创作纲要。

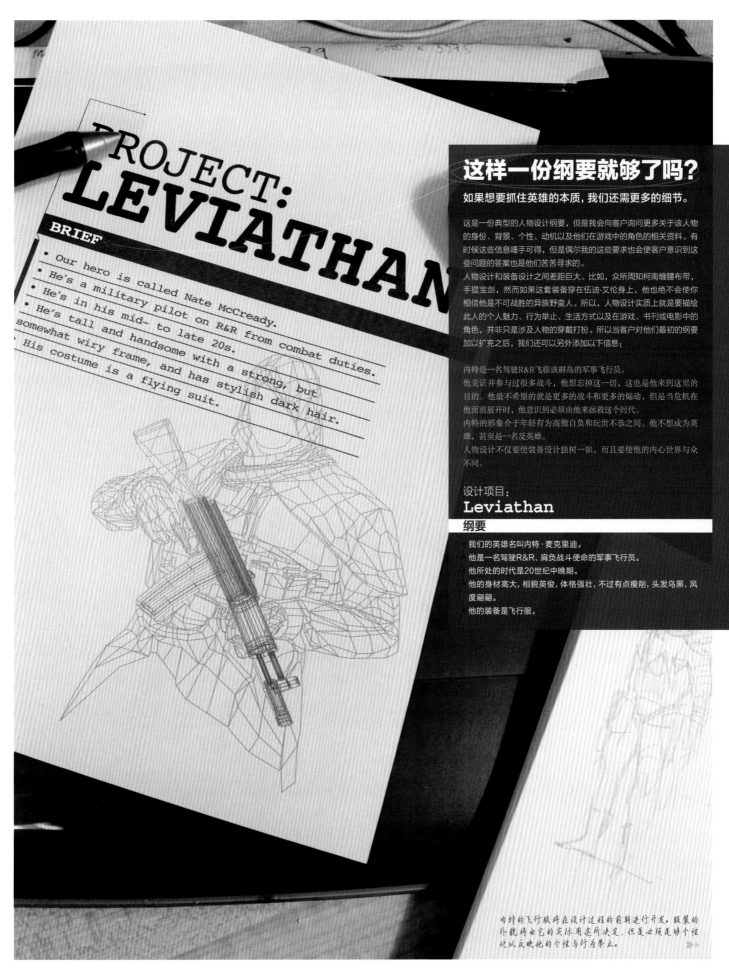

PROJECT: LEVIATHAN

BRIEF

- Our hero is called Nate McCready.
- He's a military pilot on R&R from combat duties.
- He's in his mid- to late 20s.
- He's tall and handsome with a strong, but somewhat wiry frame, and has stylish dark hair.
- His costume is a flying suit.

这样一份纲要就够了吗?

如果想要抓住英雄的本质,我们还需更多的细节。

这是一份典型的人物设计纲要,但是我会向客户询问更多关于该人物的身份、背景、个性、动机以及他们在游戏中的角色的相关资料。有时候这些信息唾手可得,但是偶尔我的这些要求也会使客户意识到这些问题的答案也是他们苦苦寻求的。

人物设计和装备设计之间差距巨大。比如,众所周知柯南缠腰布带,手提宝剑,然而如果这套装备穿在伍迪·艾伦身上,他也绝不会使你相信他是不可战胜的异族野蛮人。所以,人物设计实质上就是要描绘此人的个人魅力、行为举止、生活方式以及在游戏、书刊或电影中的角色,并非只是涉及人物的穿戴打扮。所以当客户对他们最初的纲要加以扩充之后,我们还可以另外添加以下信息:

内特是一名驾驶R&R飞临该群岛的军事飞行员。
他见证并参与过很多战斗,他想忘掉这一切,这也是他来到这里的目的。他最不希望的就是更多的战斗和更多的煽动,但是当危机在他面前展开时,他意识到必须由他来拯救这个时代。
内特的形象介于年轻有为高傲自负和玩世不恭之间。他不想成为英雄,甚至是一名反英雄。
人物设计不仅要使装备设计独树一帜,而且要使他的内心世界与众不同。

设计项目:
Leviathan

纲要

我们的英雄名叫内特·麦克里迪。
他是一名驾驶R&R、肩负战斗使命的军事飞行员。
他所处的时代是20世纪中晚期。
他的身材高大,相貌英俊,体格强壮,不过有点瘦削,头发乌黑,风度翩翩。
他的装备是飞行服。

内特的飞行服将在设计过程的前期进行开发。服装的外貌将由它的实际用途所决定,但是必须足够个性化以反映他的个性与行为举止。

造型设计

① 创造人物形象

我开始着手收集从一战时期的飞行员服装样本到目前的太空服等飞行服图片，但要极力避免参考当前娱乐业的服装设计或虚构的服装设计，否则很快就会陷入不断复制的怪圈，这显然是大错特错的。一旦有了参考图片，我就开始创作一套彩色略图，目标就是要尽早地完成服装设计和色彩方案。在此，我从不同时期的服装中汲取灵感，利用参考图片外加我的想象来构思一系列可供选择的服装样式。

② 真实姿势的好处

在列出来一个服装的候选名单之后，我邀请我的得力助手马特来负责塑造人物形象。对于需要现实感很强的设计任务我就使用相机来捕捉人物姿势。虽然这并非永远行之有效，但在这一案例中我发现给人拍照能够捕捉到人物的微妙之处。凭借记忆绘制人物姿势的危险在于会陷入重复自己偏好的姿势致使图像真实感不足，程式化有余。

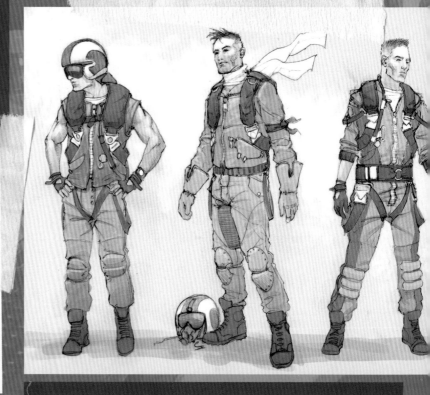

③ 捕捉几个动作镜头

我将佳能50D相机设置为运动模式并进行拍摄，我想使摄影模特处于走动的状态，并在拍摄时对其予以指导，同时保持相机左右移动。我所获得的画面充满了动感和生机，这是多数姿势化摄影所缺乏的——如果模特能够自由运动，那么所获得的动作镜头将会非常有用。我可以通过让模特从空中一跃而下、一路小跑等方式来获得比预先摆好姿势再进行拍摄所获得更佳的画面效果。

④ 用铅笔定稿

我将拍摄效果最好的照片加载到Photoshop中。有时候我会直接对其进行处理，但在本案例中，我想在人物姿势设计和装备设计之前先行素描，于是我开始使用铅笔作画，并以我的画室收藏的图片为姿势参考，以搜集整理的图片为飞行服设计的细节参考。我精选参考图片的不同创作元素，将其与我的构思相结合但同时将创作焦点集中于表现人物行为举止并将这一理念贯穿于每个设计方案中，据此我一共绘制了三幅图片。最后选取其一进行扫描，这就是我要作为最终图像继续予以处理的那张素描画了。

5 致力于一种色彩方案

现在完成绘图创作的所有要素均已准备就绪，接下来便是画底色。这要以先前的彩色略图为基础进行，同时为接下来的细节描绘提供创作基础和色彩方案。对于这一阶段，我在Photoshop中打开选定的素描画，添加干净的新图层，并快速涂抹灰度阴影作为正片叠加图层。然后再添加一个图层，设置为颜色加深并快速添加颜色。此时，我会在确定最终色彩方案之前设计了多个备选方案。这种创作方法可使灰度阴影图层与颜色加深图层相互匹配，并为我提供一条快速为细节上色的捷径，同时也是快速尝试不同颜色选项的另一绝佳方式。

6 使你的人物令人过目不忘

一位伟大的艺术总监曾说过，一个优秀的人物设计应该是一个八岁的小孩仅看一次就能画出的那种。虽然这句话并非适用于一切设计，但却是应该牢记的箴言。在此我将帮助大家将你的设计和别人过多过滥的设计区分开来。我想在这幅图像中使用一战时期的飞行员所佩戴的典型白头巾作为基本图案。这样做原因有二：其一，它可以勾起人们对那段逝去的早期飞行岁月的追忆，从而激发人们对英雄们英勇无畏的精神的强烈感情；其二，将头巾的标志性白色变成红色，使他作为独特的人物形象更加突出，但同时又清晰地保持了他飞行员的身份。

7 渲染最终图像

随着细节设计和色彩方案的完成，现在问题是要把每个要素插入图像将其渲染成所要求的最终稿件。在涂抹构成人物形象的每件素材时，我要花些时间考虑纹理、环境及局部色彩，还有光照区和阴影区的安排。

8 英雄角色的快照

这部分内容以对游戏主角内在的姿势和神态做一番评价来结束。我竭尽全力充分表现一个精神世界困扰不断的人物的外貌特征。希望任何人都能一眼看得出他是个有着灰暗经历但却勇敢无比的人。在此处我将他描绘成目不转睛正视前方的姿态——显然他若有所思、表情忧郁，但姿态却很坚定；他就是此刻的英雄，一个意欲奋起迎接挑战的勇士。这绝非只是装备设计那么简单，他是一个感情丰富、有血有肉的人！

下期演示请看下页……

本期将聚焦游戏环境：一个外星群岛。

Photoshop

四期创作演示之（二）

设计游戏中的环境

在完成游戏的主角设计之后，克里斯蒂安·布雷弗里将创作的接力棒交给了皮特·阿马斯雷，由他来创作外星岛屿环境。

艺术家简历

皮特·阿马斯雷
(Pete Amachree)
国籍：英国

皮特从业经验十分丰富，他曾就职于Electronic Arts、Lionhead Studios及Blade Interactive公司。他成为概念画家已达5年。
www.peteamachree.deviantart.com

光盘资料

你所需文件见光盘中的皮特·阿马斯雷文件夹。

之前，克里斯蒂安已经完成了游戏主角内特的人物设计，他在最近的军事行动结束之后进行休养期间遭遇了外星异族的围攻。这一切发生在一个遥远星球上的一处热带岛屿上。我的设计也将从此入手。我的创作纲要是要打造一个坐落于这个植被茂盛、远离尘世的群岛上的贫穷落后的小渔村。内特正是在这里第一次遭遇到可怕的外星人。本页的反面便是客户对于该游戏背景设计的纲要。

我首先要构思的就是群岛，尽管科幻给了我们脱离真实世界的创作自由，但我觉得我要将我的设计限定于真实世界，将岛屿建立在我们司空见惯的岩石构造之上。我认为，当创作者的一只脚坚定地矗立在熟知的世界，而另一只脚则踏入难以预料的未知世界时，你的想象最为丰富。

所以，这个渔村的居民在哪儿居住？他们传统的、基本的生活方式排除了任何宏伟壮观的设计甚至那些早已约定俗成的场景。事实上，他们的生活环境必须反映他们极不稳定的生活状态。

从美学的角度讲，在设计风格上我发现像在巴西看到的那种棚屋林立的小镇或棚户区给我提供了丰富的值得借鉴的东西。这些破旧不堪的地方都是自发形成的，没有任何城市规划者的引导。由于高质量的建筑材料极度稀缺，所以房屋建造就需要别出心裁。

而且，从俯视的角度看，我为该设计项目所搜集的充斥棚屋的小镇的源图片中有很多都有强烈的水平方向的偏差：房屋上波纹铁皮制成的平顶向远处倾斜着。这些东西如果用于我正在创作的图像的构图，设计效果会相当不错。

原始素材

在为客户创作概念画时，皮特提出了一个弥足珍贵的建议……

在本创作指导演示中，我试图向大家展示做研究和从意料之外的地方汲取灵感的重要性。如果时间允许，请向你的客户出示尽可能多的原始素材。粗略的草图将代表你即将从事的项目的创作方向。而源自网络或自己的照片集中启发性图片的情绪收集板将为你要讲述的故事增添清晰度。这种基础性工作总是值得耗时去做的，而且它还有助于你的项目顺利进行。

设计项目：
Leviathan

纲要

战斗发生在一个坐落于热带群岛上的小村庄及其周围地区。游戏背景是地球遥远的未来，或者在一个外星球上，所以你的想象可以放任不羁、天马行空。力争有所创新——给予天堂般热带地区的典型图片以全新视角，但要注意你的创作必须使人一眼便能识别它的原型。记住，你要创作的是一个真实的、自然的物质世界，最重要的是它必须让人感觉真实可信。

我在这里非常粗糙地描绘了整合场景的视角。

这就是村民们喜欢捡拾破烂的本性的证据。在这幅画中，海里捞出的废弃物被村民用来帮助建造房屋。

我竭尽全力呈现出村民们使自己的房屋适应周围环境的各种方式——在这幅图片中，环境就是那些天然的层层叠叠的岩石结构。

造型设计

1 准确设计基本构造

在这一阶段，我不会关注任何细节创作，我只会简单地勾勒出构成图像的较大部件并确定光源。通常这样的一幅草图足以确定游戏场景，同时也给客户提供自己构想的机会。从构图来看，前景的小岛边缘及其阴影为其相邻的小岛提供了一个漂亮的框架，这将是图像的主要焦点。此处出现了水平方向的偏差，图画将被按照色调分割为非常明显的水平方向的带状结构，以此使图像表现流畅并将水天一色的浩瀚空间一分为二。

2 添加颜色

一位大学老师曾经告诉我没有什么东西比一张空白画布更令人恐惧，这或许是别人给我提出的最好建议。由于对此铭记在心，所以我便不假思索地在画布上涂抹了一些非常基础的颜色。然而，这样做尽管多少地强化了图像的色调安排并粗略地勾勒出一些人造结构，但图像的色彩仍然非常有限。该背景是在热带，天空蔚蓝，海洋蓝绿，然而在这些看似有限的创作指导背后有着很大的色彩空间。一个很好的例证就是卡斯帕·大卫·弗里德里希（Caspar David Friedrich）的油画《冰的海洋》。现在，岩石结构的赭黄色和海洋的深蓝色形成鲜明对比，不过我还需要添加其他多种颜色。然而，海岛中心的大部分区域将被人造结构所覆盖，所以花时间来涂抹细微的岩石纹理将是一种浪费。现在还不是使用精巧画笔或者混合模式图层的时候。

3 搭建脚手架

我粗略地添加了更多结构宽大的部件并从CGTexture.com下载制作了水纹图片，这是给海水添加强烈真实感纹理的便捷方式。艺术总监喜欢使用摇摇欲坠的脚手架来支持图中建筑结构的设想。我怎样才能创造出一个由粗细各异的杆子搭建而成的错综复杂的结构，并使其与图像的其他部分另人信服地融为一体呢？答案在于使用Photoshop的通道功能。在图层选择标签上单击图层组并命名为中景支柱。在该图层组中我又建立了一个新图层，填充不透明度为100%的白色并隐藏，接着将该图层组拖拽至全部图层的上部。然后使用直线工具，改变其宽度后，并将颜色换成黑色，设置好后开始拖出一些线条，我想使它们能够一端连接透视图，另一端连接摇摇欲坠的支柱结构。画完

之后将白色背景图层显现出来（该图层必须在整个图层组的最底下）并单击通道标签。因为这是一张灰度图像，所以可以拖选红绿或蓝通道到通道标签底部的创建新通道，并将新创建的通道命名为中景支柱蒙版，接着将其选中，单击图像>调整>反相。现在我要隐藏中景支柱蒙版图层组并创建名为中景支柱的新图层，然后加载中景支柱蒙版通道并单击添加图层蒙版按钮。在开始涂抹之前，要确保选中图层——并非其相应蒙版。

当图层蒙版准备到位，我便可以随心所欲地在长长的脚手架支杆上或多或少地涂抹颜色以保证其色调的变化。某些区域可能要闪闪发光，而另一些可能要阴影浓重。为避免不必要的叠加，我建立了独立的前景支柱蒙版图层组，并重复以上操作。

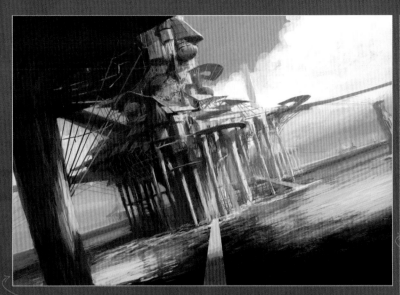

⑦ 添加兴趣点

最后，云层需要给予大量必要的关注，同时之前被忽略的其他区域也得到了突出：前景中的着陆平台和一架停靠在主岛着陆平台上的精巧别致的越岛作战直升机。到此，创作基本接近尾声。

④ 变换色彩

有限的色彩开始让人感觉不快，于是我添加了更多的微妙色彩，同时注意不使任何一种颜色支配整幅图像的基调，并按我希望的那样使模糊的水平色带始终作为图像的主题色。偶尔从帆布罩和建筑物的顶部发出的绚丽多彩的反射光也增加了图像的色彩。图像底部铺设的木板路将浩瀚无垠的水域一分为二，并将观众的目光吸引至图画的焦点处。

⑧ 收官之笔

还需要给直升机多添加一些光点，所以我又在其垂直翼和引擎舱处添加了几处高光。同时我还加强了暴露在阳光区域处的亮度，方法是进入选择>色彩范围并单击高光。这样便在Photoshop识别为高光的区域周围选择性地创造出一片阴影区。之后，进入新填充图层或新调整图层选择色阶。这样可以增加或减少图像的选中区域的发光度。我希望将这种高强亮度仅仅局限于岛屿、木板路和码头，因此利用画笔工具覆盖调整图层蒙版中我想保持不变的区域。另外我在图像的右侧又添加了四分之一左右的画面，使图像更加开阔，这样我便可以拥有更大的空间来增加图像的规模和纵深感。

⑤ 拆分前景

现在我还不能确定建筑物应该从哪个方向进入视野，因此我一边仔细斟酌，一边将注意力集中于前景部分的海域。现在的海域已经画的相当不错，但是将连片的水体分割为几部分效果会更好。于是我便添加了一些巨大的莲叶将一望无垠的蓝色水体拆分开来，这样同时也为图像增加了新的色彩并强化的整体景深。停泊在码头的快艇也有利于创造一种空间感。

⑥ 创造画作的独特感

在最初草稿中我就已经暗示过很多的建筑材料都是废弃汽车零部件、广告牌、货物包装箱以及任何能捡到的东西。这给了我一个向我心目中的英雄们表达敬意的机会，他们就是我儿时的科幻图画巨匠——也就是拉尔夫·麦克奎里（Ralph McQuarrie）、克里斯·福斯（Chris Foss）、罗恩·科布（Ron Cobb）以及安格斯·麦凯（Angus McKay）。他们创造的诡异而神奇的科幻环境和船只设计经常会使用一些奇特标识来强化其画作的超自然之感。

下期演示请看下页……

我们的画家将展示怪物设计……

Photoshop

四期创作演示之（三）

设计游戏中的敌人

现在该Leading Light公司的 马特·奥尔索普 登场来进行游戏创作了。他将为第二期创作完成的外星群岛设计添加可怕的异形昆虫。

Artist
艺术家简历
马特·奥尔索普
（Matt Allsopp）
国籍：英国

马特的艺术家
生涯始于Alpha
Star电影公司、
Lionhead 工
作室，现在担
任 Leading Light 设计公司
的概念画家。马特的最大的
愿望是能从业于电影业与自
己最钟爱的包括詹姆斯·卡
梅隆（James Cameron）
和克里斯托弗·诺兰
（Christopher Nolan） 在
内的导演合作。
allsopp.cghub.com

光盘资料
你所需文件见光盘中
的马特·奥尔索普文
件夹。

到 目前为止我们已经设计完成了游戏的主角内特和他的飞机，以及游戏展开的岛屿环境。我的任务是设计开发内特和村民们所要面对的怪物敌人。在游戏设计之初，我们已经确定这些动物是由海洋中一夜之间从天而降的巨卵孵化而成。一旦孵化成功，这些动物将如同蛙卵一样成蝌蚪状，之后四肢慢慢形成并离开水体，对周围人口密集的岛屿进行大肆破坏。

克里斯蒂安的直升机设计图的构造看上去像一只大黄蜂或蜻蜓，身体细长、长满短腿。所以我本能地想要设计一个体积更大、身子更长、腿部纤细而修长的敌方怪物的形象。皮特早已为游戏环境奠定了美学基础，所以我很快就可以使这只腿部修长的动物融入其中。我还要尝试设计开发一种体积更小更精巧的使

人联想到那架直升机的臭虫。但是此刻能吸引我精力的毫无疑问是那只形如竹节虫的昆虫。实质上，它是一只机械的飞虫，同时也是一只天生凶残无比的飞虫，但它妙趣横生。

马特说："怪物设计得要像竹节虫或蟑螂，这两种看上去都很酷。"

设计项目：
Leviathan
纲要：游戏中的敌人

一天清晨村民们醒来发现海水被一种看起来像是巨型蛙卵的东西所覆盖。很快这些铺天盖地的卵开始孵化成体型庞大、面目狰狞、凶残好斗的昆虫般怪物。设计师的任务是构想并定义这些怪物。海洋类甲壳动物和昆虫的混合体将是很好的设计起点。定义该生物的关键词：昆虫、甲壳、丑陋、可怕、怪异、生翼、多足或多眼。

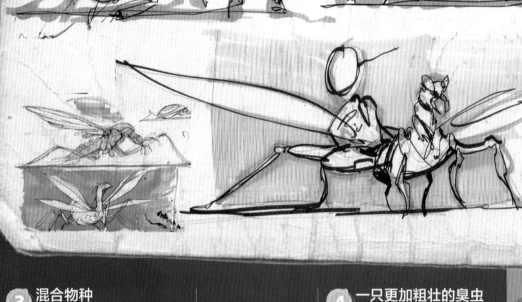

1 构思

这是我最初的臭虫设计略图，这只是我读过创作纲要之后在两分钟内画的涂鸦。我并不担心这幅图画的质量，它只是将我头脑中的构思呈现出来而已。这些草图非常有趣，能够使我尝试各种不同的概念构想、外形设计及绘画技法。

2 清晰的轮廓

接下来，我转向数码画布并绘制了一定的明暗度。我尝试在画布上创作一些漂亮的外形及清晰的臭虫轮廓。这幅草图要尽可能地接近我的最初设想，即参考竹节虫和蟑螂的外形。

3 混合物种

这更大程度上体现飞虫的经典画法，但稍加歪曲。因此它看起来更像蛛形纲飞虫，前部肢甲很多，不大但类似虾螯。它能够从空中俯冲下来攫取猎物并向其体内注射毒素，或者植入溶解肌肉的病毒。

4 一只更加粗壮的臭虫

另一只的设计以蜘蛛为基础，头部设计异乎寻常。这一草图使我能够看清一只身材更短小粗壮的臭虫能够呈现什么效果。我想使它与昆虫形直升机相互呼应，所以我更喜欢精巧而细长的设计。

5 设计怪物演变过程

我喜欢首张草图，所以我打算快速创作一幅进化图板以理清怪物从海洋到陆地的演变过程。观看昆虫蜕变过程的真实纪录片令人着迷，并促使你产生一些荒诞奇妙的构思。这将为一只不堪一击的小昆虫演变为一只更成熟更致命的怪物提供了巨大灵感。

造型设计

6 修正设计缺陷

注意看我的第一张设计图：我认为我的设计相当中肯。但是设计图中仍有几处令人不满，我将予以修正。对于初学者来说，不要使你的设计与电影中的异形女皇过于相像。我的确非常喜欢蛛形纲飞虫的设计样式——外形新鲜而粗陋。但我觉得长腿竹节虫的形象更适合游戏环境要求，所以我决定进一步发展对它的设计。

技法解密

翻转图像

水平翻转画布以检查透视及构图。这样能快速展示透视是否向一边倾斜。翻转图像使手腕活动一下以防动作迟缓也是个不错的做法。

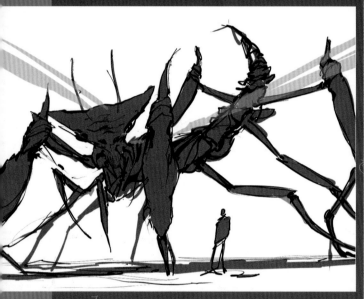

7 外形与功能

怪物的身体比例和结构活力十足、魅力无比。巨大前臂上强有力的肌肉使其呈现出了长颈鹿般的美感，而增加一系列不可思议的细腿则形成饶有兴趣的鲜明对比。将最初设计图改为灰度有助于限定设计意图并凸显怪物当前的轮廓、大小和特征。我加高并夸张其后肢使它更显威力无比和凶猛好斗。这些肢体能使它看起来动作更灵敏，更快速，因而非常重要。为了创作一只让人更加信服的怪物，搞清它身体各部位的功能和用途十分重要。

8 注入颜色

当你的概念真正成熟时，要给一张灰度图层添加颜色。即便只是快速添加一个色彩通道，你也可以为怪物创建一个表现力很强的焦点。比如，起初我构思的怪物在色调上比较暗淡，极其凶猛好斗，形似影子。然而，为了使它更富感染力，我开始构思身处设定的岛屿环境中臭虫的形象。这只怪物有极强的伪装性和致命的攻击性似乎更加合理——于是我开始变换图像颜色，使虫子变得装备精良，而且肉眼不易察觉。增加与其巢穴类似的地面色调和颜色选择有利于为下一步的设计确定颜色基础。若没有把握找到恰当的色调，你可参考照片并使用Photoshop的吸管工具提取你需要的精确颜色。

9 使概念设计清晰化

既然我的头脑中已经有了怪物的清晰形象，现在该将我的概念绘制成具体而清晰的图画了。首先要在略图上部仔细线描，为此要淡化草图痕迹并在另一图层上创作干净整洁、信心百倍而轮廓清晰的线描画，之后借助昆虫的参考图片来确定它的骨骼和肌肉结构。我希望该怪物长相凶残可怕，所以通过为其设计创造一些特质的东西我更加成功地刻画了该动物的个性特征。诸如从臃肿、让人畏惧不敢触碰的前肢上伸出的异常古怪但惟妙惟肖的蟹螯般的双足，以及身体周围易受攻击的部位长出的形如铁钉和长矛的针刺之类的东西，都或多或少地传递出非常适合游戏故事情节的设计理念。

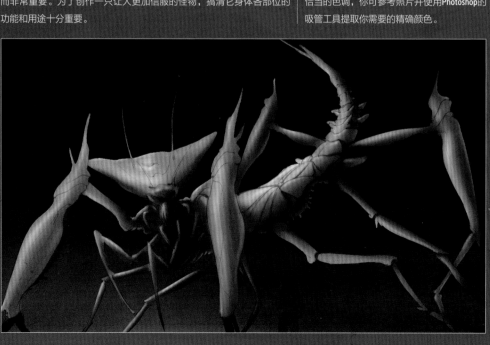

10 光与影的处理

我将背景设计为暗色作为臭虫色彩的补充并使它从背景中凸显出来。然后复制该图层并使用发光笔来确定光源。在这张光图层上我使用橡皮擦来展现暗色调并在必要之处创作阴影效果。这些高光和阴影的使用确保了怪物的立体感，而不只是一张平面图。

技法解密
使用Painter创造纹理

无需叠加照片来创造纹理的一个极好办法是使用Painter的预置纹理，但我常常发现自己制作效果最好。要制作纹理，请加载照片并遮蔽你想用作纹理的地方，然后选择页面标签的下拉菜单中的页面捕捉。这样可以为你的页面库增加新纹理，然后使用与页面相互所用的画笔，你就可以添加预想的细节和精细的纹理了。

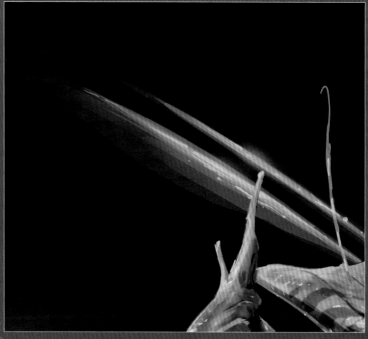

11 逼真的纹理

在看过真实的昆虫外壳样式和斑痕之后，我在此处使用粉笔画笔添加一些臭虫外壳的纹理。你可更进一步通过在Photoshop中建立自定义纹理来创作一个外壳受过磨损的有机体的样子。我通常要扫描自己手绘的纹理——一种东西前一分钟还在你的手上，然而接下来的一分钟却已经在进行数字化处理，真的很有意思。当这些纹理与我涂抹的外壳斑痕相结合之后效果相当完美，而且还不至于使臭虫看起来过于单调乏味。

13 添加翅膀

翅膀象征着臭虫超越人类的一个巨大优势。它也暗示着臭虫可能成群结队而来或者可能正在空中激战。我参考了一些昆虫的翅膀外形，发现很多可以进行改造以适合本设计要求。一旦满意选中的翅膀外形，我就把它的透明度降低使其稍显透光，然后对这些翅膀添加高光，画的时候注意光的方向和光源位置。

14 添加收官之笔

最后该添加细节了。我首先添加了一些外壳斑痕，并在叠加图层上为其头部涂抹非常微弱的蓝色和更深的棕黑色以便将观众目光吸引至焦点处。另外，我还为它添加了一些可使用精细毛笔绘制的漂亮体毛。最后的几笔使怪物顿时活灵活现，并使它看起来更加真实而可信。

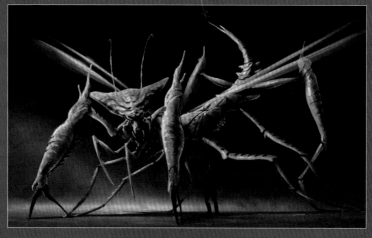

12 润色设计图

我再次使用粉笔画笔在臭虫甲壳状的尾部关节之间添加一些高光和暗影。如果你确实很纠结高光和阴影的准确位置，那就试着观察一下有这些美学特征的类似动物，比如犰狳，在其自然的身体结构中就有可与此怪物相媲美的结构性功能。我还使用强高光和阴影进一步使怪物牢牢地站稳脚跟，并创造出一种负重感。

下期演示请看下页……

在本创作展示系列讲座的最后一期中，来自Leading Light设计公司的艺术家将创作最精彩的部分：游戏插图。

Painter & Photoshop

四期创作演示之（四）

设计游戏的故事情节

马特·奥尔索普 在利用已有的设计为游戏创作关键帧插图时凸显了摄影技术的重要性。

Artist 艺术家简历

马特·奥尔索普
（Matt Allsopp）

国籍：英国

马特的艺术家生涯始于 Alpha Star 电影公司和 Lionhead 工作室，现在担任 Leading Light 设计公司的概念画家。Matt 的最大的愿望是能服务于电影业与自己最钟爱的包括詹姆斯·卡梅隆和克里斯托弗·诺兰在内的导演合作。
allsopp.cghub.com

光盘资料

你所需文件见光盘中的马特·奥尔索普文件夹。

到 将该设计项目的所有概念合并为一幅宏大的关键帧插图的时候了。克里斯蒂安已经完成了游戏主角及其飞行器的设计，皮特则创造了游戏的热带自然环境，而我也已经对游戏中的敌对生物的美学原则明白无误。对于目前这幅图像的创作，我将考虑其氛围与基调。在电影拍摄的过程中尽可能地展示以上设计非常重要，但也不能做的过分——客户永远可以翻阅最初的设计图稿了解更多细节。

就本故事而言，这种生物已经孵化并正在对周围的岛屿大肆兴妖作乱。岛民已经大祸临头，现在该是他们惟一的希望内特挺身而出拯救这个时代的时候了。故事情节已经成竹在胸，这时我们需要创作人虫大战的场景了。当我看到图像如此诱人并使用了强烈的暗色时，想要使用热带自然环境明快色彩的意图荡然无存。取而代之，我决定拍摄一组黄昏时分的镜头。我想使臭虫看起来凶猛无比不可战胜、残忍致命令人恐怖，与之相比，我们的主角则相形见绌渺小至极、形单影只力量悬殊。我需要利用臭虫许多蜘蛛般的腿和锋利无比的螯来实现这一效果。

为此，我首先绘制几幅简图。我已将之前所有的设计参考置于屏幕之上，我只需将所有这些成分组装进简图即可。我不希望在一张图像中塞入太多的视觉信息，所有我要将注意力集中于主角和怪物，这两者之间的交锋是整幅图像的主要焦点。为避免使图像的清晰度发生混乱，我打算将众多岛屿置于朦胧的背景中。那么，既然我对图像的安排已经了然于心，那就开始挥笔作画吧。

设计项目：
Leviathan

纲要：战场

这幅游戏插图将汇集所有设计元素于一体，展示驾驶直升机与怪物们激战的英雄主角。创作目标是要突出概念设计的风格与感染力。一套制作精良的游戏图像可以为你讲述游戏的故事情节，吸引投资商，激发团队的创作想象力，而且煽动公众的情绪。

我绘制的第一个实物模型用于显而易见但却非常新颖的空战场景。这张草图只耗时五分钟但却非常清晰地呈现了接下来要创作的东西的轮廓。我觉得这张画效果不错，但在我决定继续创作之前，一丝别的灵感又闪现在我头脑中。

1 着手创作

我又迅速勾勒了几张内特驾驶直升机紧急着陆的草图，给怪物创作一个更加盛气凌人的姿态表达强烈的故事性。我在处理草图左上部的同时将变换机位使观众的目光始终位于战场的中心。草图是无价之宝，它们能使你自由体验各种不同的概念和技法。

2 挑衅性的站姿

我将选中的草图进行扫描并进一步加工。必须重新调整臭虫所有细腿的位置以创造更富挑衅性的站姿，同时还要保持真实感不变。尽管处理相互冲突的物体造型是个绘画难题，但这些细腿绝不能影响直升机的轮廓。最后添加一些翅膀来填补空间，同时也使怪物显得体型更加硕大，姿态更加强势。

3 选择时间段

我无法确定给这样的场景配置怎样的时间段：中午抑或黄昏？打开一个场景模板，我快速地尝试各种颜色。左下角的图像毫无疑问是效果最好的一张，它使得前景轮廓清晰可见，同时也使臭虫和主角身上的一些细节凸显出来。薄雾蒙蒙的天空也有利于塑造令人恐怖的气氛。或许这样会失去一些背景岛屿的细节，但我觉得可以接受——这个镜头看来更像是摄影术的杰作而非出于设计。

4 清除草图痕迹，准备绘画

在准备进行最终版本的图像创作时，我始终打开着所选灰度草图和色板。它们能为我的创作提供必要指导并确保我不至于偏离对图像的构思。尽管对臭虫腿部的安排与最初设计有所不同，但它却看起来愈加凶悍强势，活力十足。现在的臭虫已经居高临下，对我们的主角虎视眈眈，使他处于极易受到攻击的境地。

在我开始喷涂之前，首先需要一幅线描画。这样，我就有机会擦除那些在创作过程中不小心留下的斑点。在最初的灰度草图上我铺设了一个白色跟踪图层，重画那只臭虫。由于对怪物设计的概念早已信手拈来，所以它庞大臃肿的前肢，以及那些突出身体的长螯……等等一切，我都能描绘得准确无误。主角和他的直升机的参考资料也非常齐备。

最后，我将地平线稍加倾斜并绘制了直升机坠落时的一些划痕，给整幅画添加了活力和动力，同时也为故事的发展奠定了基础。➡➡

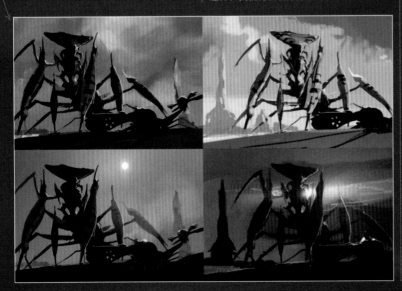

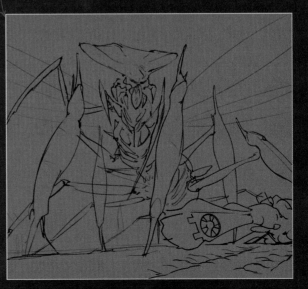

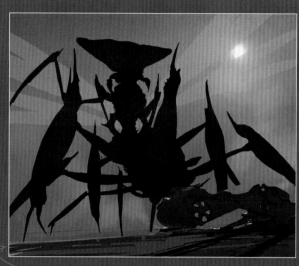

⑤ 确定故事情节

在着色的同时增加明暗度和色调把整幅图像统一起来。内特是第一个要被看到的元素，对于插图的故事构成而言非常重要，因为他现在是整幅图片的主要焦点，而图片的观看者也有如身临其境。我们的主角将自己驾驶的飞机迫降到了与之战斗的巨型臭虫脚下，这也是我们所知道的他着陆的全部原因。可能我们还需要在背景中增加某种空战场面来强化整幅图画的故事情节。为此我将图像分为三个图层：怪物、前景飞行器和背景。我开始接着使用选中的色板颜色涂抹背景，利用喷笔进行分级，再利用发光工具绘出太阳。与之前的颜色测试相比，现在我使图像色彩稍显柔和。

⑦ 绘制怪物纹理

怪物是图像中最显著的角色，所以想先对它进行处理。我使用粉笔画笔为它涂抹细节和光照。我对最初概念中的怪物甲壳的细节处理并不十分满意，所以我打算对其涂层和纹理进行优化处理。另外，在前景中我还加入了海滩以帮助定位飞机的迫降地点。

⑧ 发现一个问题

回头重新查看最初的明暗度布局，我发现有个东西影响了整体构图，而找出问题的所在并非难事。那就是，地面的亮度太大，且颜色的饱和度太高。在叠加层上对天空迅速使用蓝/灰色调就是解决问题的秘诀。

⑥ 添加背景

现在准备背离之前的色彩测试了。我通过扩大太阳的光照范围将图像变得稍微柔和一些，并对此表示满意，于是我想看看它的效果如何。为此，我又添加了一些远处的岛屿，而且只用双色调的明暗对比使其产生若隐若现的感觉，这样能使这些岛屿与背景完美契合并且不至于干扰前景中的战斗场面。为增加图像的基调，使天空减少喷笔痕迹，接下来我又绘制了一些烟雾，这也是当两个物体在同一空间发生冲突时撤销细节的极好方法。

我发现Painter的粉笔画笔功能最适于此项工作。到目前为止，我对图像中各元素的简洁明晰非常满意，但是很快我还要为其加入细部特征。

⑨ 描绘臭虫翅膀

到目前，臭虫的翅膀与它们的背景相比亮度过大，不过我想如果将其亮度变暗，它们和背景之间会更加协调。于是我降低其透明度使它们看似透光并添加纹理。同时我还从照片中剪切一只昆虫翅膀并放置于每片翅膀上面。将图层属性设为差值以消除照片中的白色。一旦令人满意，我就降低不透明度使纹理变得隐约可见，然后利用粉笔刷涂抹高光、细节和纹理。

⑩ 为迫降直升机添加细节

目前仍需修饰的部分是坠地的飞机。我想保持它最初设计时的轮廓不变，但打算给它添加一些细节的东西使其看起来更近。我在光线能够照射到的飞机表面利用粉笔画笔涂抹了一些淡灰色。尾灯也可以再多添加一些光亮以帮助直升机更加凸显。这时最好添加一点人造光而不要全部使用自然光，但不能过多。最后，我尝试将内特的头巾和上衣的边缘颜色改为蓝色。它们原本是红色的，但这里发生了颜色冲突。

⑪ 收官之笔

创作到此基本宣告结束，但细节处理和颜色调整会使图像的效果完全不同。再次利用粉笔画笔，我给图像添加了一些沙痕，给飞机添加一些闪光和修饰，还为臭虫的腿部和脸部添加了一些斑痕和高光。这些修缮不会花费太多时间，但它们的确可以使图像变得栩栩如生、更加真实可信。最后，我稍微调整一下色彩。我更喜欢最初那张颜色测试图画上留下的天空，蓝得像清晨的感觉，而且我还改变了对于红色的构想。于是我便使用Photoshop的照片滤镜和色彩调整工具将已经完成的色彩重新拉回到最初的设计。

艺术家问&答

有问题要咨询我们的专家吗？请致函 HELP@IMAGINEFX.COM。
我们将帮你解答绘画创作过程中所遇到的各种难题。

The 全球顶级数码绘画艺术
FANTASY & SCI-FI DIGITAL ART
ImagineFX
创作专家团队 panel

雷姆科·特罗斯特
生于阿姆斯特丹的雷姆科有着多年的从业经验，是一位高级概念画家兼插图画家，目前任职于 Ubishoft 公司。
www.rembotroost.com

菲利普·斯特劳布
菲利普是一位从业 17 年经验非常丰富的资深艺术总监，目前任职于 Warner Brothers 公司的游戏部。
www.philipstraub.com

乔纳森·斯坦丁
乔纳森是一位来自英国的画家兼插图画家。目前他在加拿大多伦多附近工作，就职于一家电子游戏开发公司。
www.jonathanstanding.com

盖理·汤奇
盖里是一位任职于 Ocean 到 Capcom 等多家游戏公司的概念艺术总监，是畅销书《Bold Visions: A Digital Painting Bible》的作者。
www.visionafar.com

达里尔·曼德雷克
达里尔是一位在游戏业和电影业均拥有丰富经验的概念画家，曾供职于 EA, Lucasfilm 以及 Propganda Games 等公司。
www.mandrykart.com

丹尼尔·多丘
出生于特兰西瓦尼亚的丹尼尔是一位游戏艺术总监兼概念画家。他目前定居美国，从事于《激战2》的游戏开发。
www.arena.com

阿利·费尔
阿利是一位就职于 Eurocom Software 的英国概念画家。他曾经创作过一些非常优秀的封面画，其中一幅被 ImagineFX 所用。
www.darkrising.co.uk

安迪·帕克
安迪是任职于 Sony 公司的概念画家，他曾设计过的游戏包括《龙与地下城：龙晶》以及适于 PlayStation 2 平台的《战神2》。
www.andyparkart.com

造型设计——飞行器的功能，必须和图片的整体基调相契合，而且两者可以同时进行创作

问：

科幻游戏飞行器的典型设计过程是怎样的？

答：

菲利普·斯特劳布（Philip Straub）

我要说，科幻游戏的飞行器设计很可能不存在代表性的方法，因为我曾经见过许多种不同的设计途径。通常我喜欢用双管齐下的方式来完成设计任务：在考虑造型设计、车辆外形及其功能时，既关注整体基调又关注飞行器形态。在很多情况下，等距图（通常是前视图、侧视图及后视图）的创作和整体基调的构思可以同时进行。为了使问题简化，我将集中说明图像基调，因为我想快速创造出概念图再现多数概念画家在创作时的工作流程，所以我将采用快速涂抹技巧。其目标是能够创造出尽快与环境融为一体的连贯设计。

同时，我开始通过"全方位"考虑飞船的造型来研究其设计图。"全方位"是造型设计术语，用以表示对物体立体性的思考，但这个术语也是适用于科幻图画的创作。我喜欢设想自己围绕打算描绘的物体走动，仿佛我自己身临其境从各个角度来观察设计的全貌。这种技巧你运用的越多，你的画作的景深就会越好。

设计步骤:
从简单外形到装备全面飞船

1 我的设计通常从非常简单的外形开始,这时我只是尝试获得飞船的全貌及整体设计方案而不涉及任何细节。利用大画笔并使图像保持很小的尺寸,我开始粗略地填充基本的图像背景和色彩。

2 飞船全貌即将完美收官时,我决定继续将其设计为一个拥有类似飞鸟或其他有翅动物那样的轮廓的有机体。当整体设计已经相当完美,就该进一步设计飞船的细节了。

3 让我们再来设计一些有趣的事物。在这幅图像中我将一些从别处提取的机器部件、喷气孔和其他设计用于飞船的船体。为了提升图像的动感和规模,我还对喷气孔进行了改善。

问:
你们对于意境画的创作有什么建议呢?

使画布保持低分辨率可以帮助你避免在细节上浪费过多的时间,从而使你能够全神贯注地创作图像意境。在此,我使用了设置为纹理和钢笔压力的立方体自定义画笔

答:
雷姆科·特罗斯特(Remko Troost)

 意境画的创作非常有趣,同时也是激发关于氛围的创作灵感的最佳途径。意境画也是获得给某一特定区域以易于识别特征的色彩方案的有效方法。

在意境画中你还可以在一个场景中创造出多种情感。比如,在令人生畏的峡谷场景中你可使用昏暗的不饱和色和极少的光线。又比如,你还可以使用相反的色彩——另人愉悦的明亮色彩及夏天般充足的光线。

我的设计首先要通过相机或者网络搜集尽可能多的给人启发的分类照片和参考图片。有了这些图片,我接下来就来创建一个集中表现我正在寻找的绘画氛围的资料库或者情绪收集板。然后,经常是边听优美的电影音乐边斜着眼审视这些被缩小的图片。这能使我真切地感受到自己看到的东西。

这恰恰也是我的意境画创作方法——开着音乐,展开低分辨率画布,还有一些参考图片放在身旁。我努力不把外形和细节放在心上,而是快速绘制自己感到的东西,而不是看到的东西。

同时我也尝试脱离颜色选择器的控制,这有助于使我自由地选择颜色,从而对它们有更深刻的理解。我设计几种意境(每种意境大概花费10~45分钟)来判断自己正在尝试的氛围是否可行,然后由此继续创作。

艺术家问&答

问：
怎样快速设计用于军用装甲车的贴花纸？

在贴花纸的单调颜色上使用渐变能使其色彩丰富，否则，贴花纸将看起来乏味而虚假

答：

乔纳森·斯坦丁（Jonathan Standing）

首先，整理一些参考素材激发一下自己的灵感。你打算描绘什么样的军事装备？是体现丰富的历史壮观场面呢？还是本质上要体现原始文化或者部落文化呢？刊物和网络上有不计其数的图片可以作为很好的例子激发你的灵感。

对于我的设计而言，首先我在Illustrator上制作矢量设计元素，翅膀、斗牛犬、手印、旗子及骷髅就是我单独创作的一些图形元素。然后，参照书中看到的图形，我将不同的图片结合起来制作腾飞斗牛犬标识，之后，我将矢量设计图导入Photoshop并进行变形修整以基本符合车辆甲板的弯曲度。为使它看起来不那么干净整洁，我又在该设计之上添加脏兮兮的、斑斑点点的叠加纹理，之后将装甲车上的片片磨痕也反映到我的设计中。成功地将矢量图合并入图画是非常棘手的，因此最好是在它上面启用滤镜或将其稍微涂脏一些。

最后，我添加高光用以照射装甲车的金属部分和标识，这样可以帮助将两者更好地融为一体。

使标识设计适合你对故事的想象非常重要，这个标识设计最初的步骤和刚才的设计完全相同，但设计结果却大相径庭

问：
如何创作装备相同但面貌迥异的模块化人物造型？

答：

乔纳森·斯坦丁（Jonathan Standing）

这儿要考虑的最重要的元素是人物的轮廓，这是玩家首先要看到的东西。很多游戏太过关注其他的视觉元素，比如纹理和色彩，结果它们的人物设计千篇一律。

完成最初的草图之后，通常情况下最好是弄清游戏引擎支持模块化人物的具体参数。还有，考虑人物的组装方式也很有用处。假设游戏引擎是非常基础的那种，我就将我的人物拆分成能够组装起来的部件。为使工作简化，我考虑处理他的四肢而不是躯干，因为这些对其整体轮廓影响较小。

通常我以两个不同的人物造型为基础来创作这些游戏人物的粗略图。他们的身体比例一致，这就意味着可以共用相同的武器装备和动画制作设备

问：
我似乎总是无法将我的构思在纸上予以恰当呈现。对于概念设计我应该从何处入手？

答：

雷姆科·特罗斯特（Remko Troost）

一个概念经常是在你着手创作之前很久就开始酝酿了。这个概念背后要有一个故事，这一点很重要，所以要绞尽脑汁构想概念在故事中的作用。它是用来干什么的？应该用在何处？理解你的主题在开始创作时会有很大帮助。通常我在搜集参考图片之前自己绘制几张简图，目的是避免被它们干扰。如果我需要现实世界的例子来使设计更加逼真可信，我会搜索文件以获得适合我的创作方向的东西。

在此，我已经酝酿了一个设计未来主义的双座喷气式战斗机的概念。为了获得外表看起来技术先进的飞机造型，我使用直线套索工具来创作几张小型的黑色轮廓。一旦发现可接受的造型，我喜欢集中精力对一两个进行深入处理，之后，我会重新选择几张简图并为其添加细节。

有时，我只是处理一下我的草图，把它们翻转一下，做个镜像或者利用不同的图层模式将它们相互叠加一下，这样做可以帮你产生更多的想法或创作灵感。

问：

概念画家一说对我来说耳熟能详，可是概念画家究竟是干什么的呢？

答：

盖理·汤奇（Gary Tonge）

概念画家的工作就是构思新设计并为设计纲要或设计"问题"找出解决方案。

概念画家团队中有不同的分工，而且他们都来自不同的背景。作为概念艺术总监，我要和概念团队同舟共济、齐心协力，帮助他们从展现各部分是如何相互契合的插图中获得各种不同的意象与构思，从对于塑型团队创作连贯的图形和细节来说极其珍贵的色彩基调及更快的铅笔素描画中获得灵感。当我自己进行创作时，我倾向于只关注色彩基调或主要图像。

这些图像对于游戏画设计来说极其重要，因它们将被用于把一个区域基本创作思想和物体造型结合起来共同构成一幅连贯的插图，这幅插图蕴含了那部分游戏世界面貌本质。

由于它们如此重要，所以这些图像的创作要比普通概念画耗费更多的时间——事实上，我发现创作这些图像要花费10~20个小时。

创作这些图像，在重点突出光照、阴影和特殊效果（如地下物质分布及巨型物体效果）的同时，我尝试将纹理感也包括其中。

我创作的几张重要图像，可与一组其他插图和草图共同置于艺术信息的"固体包装箱"，随后便可进入生产流程，该流程向团

队展示接下来游戏制作的方向。

概念画家向美术设计师展示其工作方向

设计步骤：如何使概念更容易进行设计

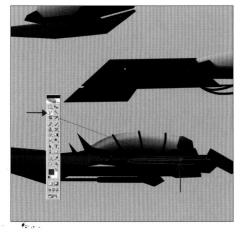

1 我首先使用套索工具快速绘制图形。如果需要的话，在你的图形内建立蒙版拖出一些透视也是很方便的。这是创造出能被拼合成有趣造型的简单图形的便捷方式。

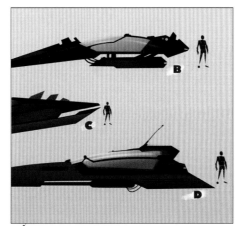

2 不要忘记为你的草图标记字母或数字，否则很容易发生混淆或者忘记客户或艺术总监可能要从中挑选几张审查的事实。而且，我还会用数字标记图像的大小。

3 现在我开始摆弄一下我的设计以增加获得新灵感的机会。为此，我复制图层、将背景放大一倍并旋转180度然后把它放入正片叠底模式。创作的乐趣在于不断地追逐意想不到的快乐。

艺术家问&答

问：
我听说美术设计师的工作速度需要很快——我如何能提高自己的绘画速度？

答：
达里尔·曼德雷克
(Daryl Mandryk)

美术设计环境下工作的画家必须在非常紧张的日程安排中大量创作高质量的画作，这是事实。有时候新入行的画家难以适应这种工作节奏。尽管我并不建议大家草率行事，但的确有些做法可以使你的生活更加轻松并增加你在此过程中的创作速度。

甚至在你启动软件之前，你就应该确保自己对要创作的作品了然于心。然后，在小纸片上迅速绘制几幅草图，明确一些粗略的构想，给你自己提供一个可以依据的路线图。除非你有好几周的时间可以用来重复描摹一幅图画，否则在整个创作过程中至少要提前制定某种计划。我建议的另一个常规做法是要使工作区的配置满足你的个人需要。花点时间为你经常使用的操作设置电脑热键和动作。我自己设置的热键和动作用于建立图层、翻转画布、启动滤镜——基本上都是我知道要在创作中经常用到的功能。这听起来似乎无足轻重，但是它可以为你节约大量时间。

在绘画过程中，力争将注意力集中于大的构型以及整体设计，无需担心细节问题。开始创作时首先明确图像的构图和整体明暗度更重要。

最后，行动起来！你对所使用的工具越熟悉，对它们的运用就越自如。尝试给自己安排一个每天都进行一点绘画训练的日程表。

绘画时不要陷入小细节的泥沼而不能自拔。集中精力处理大的构型和整体设计会使你的工作速度更快

设计步骤：成为一个创作速度更快的画家的四种简单方式

1 设置工作区。Alt/选择+Shift+Ctrl/Cmd+K组合键可以启动Photoshop中键盘指定选项。要牢记几个非常重要的，并尝试对你的工作流程有利的方式对其进行自定义设置。翻阅菜单的时间越短，你集中精力创作的时间越长。

2 Alt/选择+F9组合键可以启动动作面板。动作面板可以用于简化重复性工作，同时对于涉及多个步骤的任何操作来说都是非常便捷的。它可以记录操作步骤，然后一键返回。你甚至可以保存你的动作设置并将其输入另一台电脑，你还可以用同样的方式自定义画笔。

3 尝试从广义的角度来考虑你的绘画：有时将画面缩小并当作简单的草图加以观察很有帮助。训练自己不要拘泥于对整体图像效果无益的不必要细节——这完全是浪费时间。如果你更加靠近我的图画，你会发现我的多数细节都是粗略的和暗示性的。

4 提高对绘图工具的认识毫无疑问能帮助你创作得更快，但不一定能创作得更好。务必要研究生活、解剖学习著作和影视作品——基本上是任何帮你丰富头脑中的视觉库的东西都要研究。这是我创作的一张取自鲁塞利·克罗（Rusell Crowe）的电影《角斗士》的动作镜头的素描画。像这样的快速勾勒能教会你保持画面元素的随意与流畅。

问:

将概念设计转变成3D游戏动画对创作团队有什么期望呢？

答:

丹尼尔·多丘（Daniel Dociu）

我的概念设计经常为3D画家留下很大的创作空间。我鼓励他们对我已经确定的主题进行发挥，并为其添加我没有想到的景深图层。

当然，他们的发挥要基于全面理解我在游戏的功能和风格方面的设计要求之上。这是一条充满危险的创作之路，因为不同的塑像师会创造出完全不同的结果。正因如此，一个经验丰富、对游戏了如指掌而且直觉非常敏感的画家能够将一个半成品的设计进行下去，而缺乏这方面经验的人看不到它的潜力所在，因而可能将整个设计毁于一旦。

上面这幅概念画是游戏设计的基础，尽管它的细节已经被粗略地调整过

问:

因为电子游戏是数字媒体，那么电子游戏的概念画是否也必须是数字化的呢？

答:

阿利·费尔（Aly Fell）

尽管电子游戏是数字媒体，但是概念画正如其名称所言，只是表现概念的一幅画——而且，如同素描画一样，它并不存在于游戏之中。因此，尽管客户或者团队有自己钟爱的特殊创作形式，但一般情况下，概念画可以通过艺术家所喜欢的任何媒体形式创作出来，所以按要求完成游戏制作才是最基本的。

然而，现在的艺术作品如果从起初就能被数字化呈现那是再好不过的了，这样就可以使设计图很容易地在各部门之间相互交换。如果需要的话，硬盘拷贝也可以以后打印。很多画家依旧按传统方式进行创作，用铅笔勾勒草图，然后扫描进电脑进行数字化处理。

最终，数字媒体所创造出的画作对画家来说具有更大的取舍自由。就个人而言，我的创作过程变化多样，有时我在灯箱上绘制草图，并将图像扫描，但我更经常的做法是快速创作一张一旦完成就能轻松发送电子邮件的草图。为此我使用Photoshop和绘图板或者SketchBook进行创作，因为它们都有内建的发送邮件功能。

利用Photoshop为一次概念画挑战赛创作的人物佩特拉·赫本（Petra Hepburn）就是典型的传统式的面孔

问:

创作环境空间概念时技术规范有多大的重要性？

光照在游戏画面中的作用十分重要，很多游戏的氛围都要依赖于对光照模式的成功编码

答:

盖理·汤奇（Gary Tonge）

我从事游戏制作的经历带给我很多经验，其中最早的一个就是至少要在技术绘画层面上理解创作技术。在为游戏环境创作概念插图时的一些最重要因素包括对目标平台的理解（游戏控制台/PC）、玩家在游戏世界中可能发生的相互影响、游戏玩法"房地产"（区域面积）以及如何写代码（或者，很多情况下，代码已经写好）以便从视觉的角度呈现游戏世界。

概念设计的最后部分可能包括数量众多的规则，它们支配你对游戏环境呈现方式的取舍。其中光照系统是很大的一个因素——很多游戏的画面通过对"光照模式"代码的完美编写来实现非常逼真的效果。

在游戏制作前的先期概念画的创作中，利用技术编写代码以呈现某种视觉效果非常重要。几年前，创作特色鲜明的游戏世界的自由由于游戏平台的缺乏而受到很大的限制。但是，最近下一代游戏控制台的操作规范的巨大进步大大扩展了有趣地使用图形、素材和光照手法的范围。

在很多情况下，尽早向编码部门提供这些绘画理念和设计要求非常重要。相应地，他们也可以编写代码以适应新的视觉偏差。当涉及到对新的概念设计进行拓展时，沟通就极其重要了，只有如此，编码部门和画家才能相互理解以实现将奇思妙想变为生动的游戏世界的目的。

艺术家问&答

最好的办法是首先只集中精力解决诸如设计、外形、轮廓和明暗度等问题，当这些问题全部解决后，你就可以集中精力引入色彩了

问:

在概念设计或者绘画创作时有没有任何方法能够帮助减轻对色彩方案的恐惧心理呢？

答:

安迪·帕克（Andy Park）

我相信我可以为你提供有帮助的解决方法。我首先推荐你在创作之初使用黑白两色草绘设计图，尤其是在进行概念画创作时更应如此。

以这种方式进行设计是个很好的做法，因为试图一次性同时解决设计中的全部挑战性问题是非常不切实际的。将整个创作过程分为几个阶段会使该过程更具可操作性。

当然，很多时候，将色彩处理包含在设计的第一阶段也是可以理解的，但我发现多数情况下黑白草图或绘画的确非常易于操作。

这样做对于游戏制作过程也是有益的，艺术总监或其他要批准你设计图的人就可以只关注设计图本身，这样会使他们的工作更加轻松。因此，这样做对任何人都大有裨益。

完成对草图的修整之后，启动**Photoshop**在黑白图之上建立新图层，并将其混合模式设置为颜色。现在你就可以选取自己喜欢的颜色对图层进行着色了。这样黑白图像将变成彩图而不会覆盖你在该处创作的任何细节。正因如此，你还可以在此尝试你的颜色选择以便确定恰当的色彩方案。如此一来，你的恐惧心理也就烟消云散了。

颜色模式的图层只是为着色过程奠定基础。它的存在只给你提供一个继续创作的坚实基础，既然基础已经牢固，你就可以继续绘画并润色了。

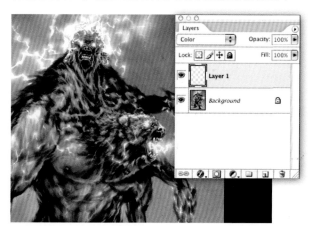

摆弄一下各种图层混合模式，如果使用恰当，它们将使你的画作熠熠生辉

问:

当开始创作一幅新的概念画时，你为自己确定什么样的创作目标？

博恩犬是以生物设计为基础而绘制的一个角色，正交视图并不总是必须的，而是要依赖于塑造角色的技术水平。

答:

丹尼尔·多丘（Daniel Dociu）

决定创作方法的标准很多，在此我只想提及一二。要使你的概念画既满足设计要求又满足自己的个人标准是不可能的，因此非常有必要确定优先满足哪一项。

我创作的概念画通常根据相当模糊随意的标准分为三类，高级概念涉及产品的定位与风格和游戏世界的性质。这样的概念可以激发游戏设计团队和绘画创作团队的讨论并带给他们灵感。

观看与感觉类的概念只关注具体游戏环境。它们涉及人族在整个场景中的整体移动轨迹、技术水平和建筑物复杂程度、色彩搭配以及光照效果。这个层面上的焦点是，从这一特定时刻如何融入更宏大的游戏历程的角度来评价图像。

产品设计要提交给3D塑像师以便将其转变为游戏中的装备。此处，造型设计要保持微妙平衡，要提供充分但不冗余的信息量。

依据这样的分类，我力争找出最能满足概念画创作目的的视觉表达元素，并由此尽早做出创作判断。我选择这样的透视效果：强迫的三消隐点类型（以创造戏剧性场面为目的）到单调的四分之三侧视（以创造完美人物造型为目的）；这样的构图效果：从动态的、紧张的、暗示冲突的到静态的、静谧的和客观的；这样的纹理效果：现实主义对应虚构假象，普通纹理对应素材限定性纹理，以及高光纹理对应支持性表层纹理；这样的光照效果：从忧郁阴沉的、惹人注目的和变幻莫测的光照效果到平和稳定的、不偏不倚的和客观描绘的光照效果。

钟表的发条齿轮装置就是一个用作视觉辅助手段宣传游戏概念的高级概念设计的例子

确保你的人物全貌得到了充分的展示，不要试图仅描绘腰部以上部分，因为细节决定成败

问：
在设计游戏人物时有没有可以遵巡的具体规则？

答：
阿利·费尔（Aly Fell）

首先，你要从客户处获得设计纲要，它规定了人物的基本特征和游戏中的角色、游戏年代、人物个性以及你在设计人物的装备和饰物时的自由度。

如果你只是设计一个出场一次的人物，那通常情况他应该是往前直行的视图。为此请记住以下五个要点：

1. 确保整个人物都在视觉范围内。如果纲要要求能从背面看到人物，那就有必要再创作一幅画表现人物的后视效果。最终，为了使人物从各个侧面均能看到，那就要求创作一幅"转身"三视图像或正交视图。

2. 使光照效果简单而透明。创作任何人物概念画时优先考虑的是为创作的下一阶段呈现最大的信息量。

3. 研究细节。当快速的网络搜索能验证物体的精确度时，不要简单地认为你对某个物体的形状了如指掌。

4. 表达。向客户咨询人物的主要特征并试图在画作中充分展示。

5. 人物姿势。你可以绘制战斗姿势，但首次设计最好是创作能够呈现最大信息量的自然放松姿态。

设计步骤：创作充分展示细节的游戏人物——从零做起

1 本设计是基于具体的设计纲要，纲要要求我创作的女性人物生活在沙漠中，是以未来为背景的野蛮人的形象。她要携带武器，身穿极其新潮的未来主义色彩的服装。这是首张草图。

2 在对首张草图几番修改之后，我的概念获得客户批准，然后我便开始粗略地涂抹基本颜色。这时，我寻找一些参考素材来创作衣服，并考虑是否需要添加背景。

3 这是添加了叠加纹理的最终设计图，人物形象得到了凸显，与最初以白色背景衬托相比更赏心悦目；或许客户还会要求对该图像进行进一步加工，如某些饰物的具体细节或者面部的表情信息。

光盘资料

包含长达4小时的演示视频！

为支持我们的创作演示，光盘中包含了能辅助你创作的丰富资源。从绘画指导视频到概念画的设计步骤，你会发现该光盘必不可少。

亮点包括：

坎·马菲迪科
请看坎创作《蝙蝠侠：阿甘之城》中的女小丑哈利·奎恩的视频演示。

卢克·曼奇尼
来自Blizzard游戏开发公司最新概念画家创作《星际争霸2》中虫族的视频。

凯文·陈
请看凯文设计太空探险游戏中独特的巾帼英雄形象的长达50分钟的创作视频。

荣格·帕克
请看《战神2》的画家创作独特的环境概念画的视频演示。

还有更多：
与所有创作演示相辅相成的大量图像，另外还有自定义画笔的运用演示视频。

版权登记号：01-2014-4699

图书在版编目（CIP）数据

游戏设计 / 英国 Future 出版公司编著；冯岩松译一北京：中国青年出版社，2014.8
（全球顶级数码绘画名家技法丛书）
书名原文：Game art
ISBN 978-7-5153-2601-6
Ⅰ.①游… Ⅱ.①英…②冯… Ⅲ.①游戏—软件设计 Ⅳ.①TP311.5
中国版本图书馆 CIP 数据核字（2014）第 176792 号

全球顶级数码绘画名家技法丛书：游戏设计

[英] Future出版公司 编著　　冯岩松 译

出版发行：中国青年出版社
地　　址：北京市东四十二条 21 号
邮政编码：100708
电　　话：（010）59521188 / 59521189
传　　真：（010）59521111
企　　划：北京中青雄狮数码传媒科技有限公司

策划编辑：张海玲
责任编辑：柳 琪
封面制作：六面体书籍设计_李庭煦

印　　刷：中煤涿州制图印刷厂北京分厂
开　　本：635×965　1/8
印　　张：14
版　　次：2014 年 11 月北京第 1 版
印　　次：2014 年 11 月第 1 次印刷
书　　号：ISBN 978-7-5153-2601-6
定　　价：55.00 元（附赠超值光盘）

本书如有印装质量等问题，请与本社联系
电话：（010）59521188 / 59521189
读者来信：reader@cypmedia.com
投稿邮箱：author@cypmedia.com
如有其他问题请访问我们的网站：http://www.cypmedia.com